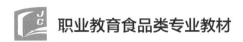 职业教育食品类专业教材　　北京市特色高水平骨干专业建设项目

面包制作

张磊　主编

U0219850

中国轻工业出版社

图书在版编目（CIP）数据

面包制作 / 张磊主编. —北京：中国轻工业出版社，
2021.8

ISBN 978-7-5184-3556-2

Ⅰ. ①面… Ⅱ. ①张… Ⅲ. ①面包 – 制作 – 职业教
育 – 教材 Ⅳ. ①TS213.21

中国版本图书馆CIP数据核字（2021）第119984号

责任编辑：张　靓　王宝瑶　责任终审：李建华　整体设计：锋尚设计
策划编辑：张　靓　　　　　　责任校对：宋绿叶　责任监印：张　可

出版发行：中国轻工业出版社（北京东长安街6号，邮编：100740）

印　　刷：艺堂印刷（天津）有限公司

经　　销：各地新华书店

版　　次：2021年8月第1版第1次印刷

开　　本：787×1092　1/16　印张：14

字　　数：330千字

书　　号：ISBN 978-7-5184-3556-2　定价：52.00元

邮购电话：010-65241695

发行电话：010-85119835　传真：85113293

网　　址：http://www.chlip.com.cn

Email：club@chlip.com.cn

如发现图书残缺请与我社邮购联系调换

201406J3X101ZBW

前言

面包是一种由面粉、酵母、盐、水为基本原料，选择性地加入糖、乳制品、果脯、坚果以及各种馅料等通过烘焙而成的一种食品，它既可以是主食，也可以是零食，在世界各个国家和区域都有具有其地域性特色的变种，是一种风靡全世界的食品。

面包从诞生起的基础就是谷物，世界三大谷物是小麦、大米和玉米，面包常用小麦作为其主要原料，小麦在世界各个地域均有种植历史，这也为面包在全世界的普及奠定了基础。

本教材基于实际工作过程和岗位要求，按照面包产品的实际生产流程，运用任务驱动，配合实训导向模式进行编写。以面包产品生产工艺流程为主线，以生产"工序"为载体，通过解剖面包生产工艺流程，将实训项目与教学项目对应起来。

本教材共分为五个项目：基本手法练习、维也纳甜面包、法式面包、丹麦面包、吐司面包，每个项目分别包括若干任务，共19个任务。基本手法练习包括面团的搅拌、滚圆、搓条、编辫及包馅；维也纳甜面包包括：花生面包、菠萝包、维也纳巧克力棒、意式蘑菇火腿面包、牛乳哈斯以及摩卡卷；法式面包包括乡村拐杖面包、法式乡村面包、乡村帮库面包、法式起司面包、法棍；丹麦面包包括：香肠丹麦面包、丹麦可颂面包、杏仁丹麦面包、北海道金砖面包；吐司面包包括：白吐司和鸡蛋吐司。本教材产品生产参照GB 7099—2015《食品安全国家标准　糕点、面包》、GB 8957—2016《食品安全国家标准　糕点、面包卫生规范》、GB 2760—2014《食品安全国家标准　食品添加剂使用标准》、GB 14880—2012《食品安全国家标准　食品营养强化剂使用标准》。

本教材的编写打破了理论教材与实训教材分开的格局，根据职业情景和职业能力的同一性，在每一个教学任务中融入理论知识，构建理论教学与实训教学一体化模式。

本教材由张磊担任主编，安凤楼和吴昊担任副主编，王舒、王超南、王薇、蔺瑞、魏福华参与编写。本教材的编写得到了中国轻工业出版社的热情帮助，以及北京轻工技师学院各级领导的大力支持，在此表示感谢。

由于编者的学识和水平有限，书中难免存在不妥和疏漏之处，恳请读者提出宝贵意见。

编者

目 录

基本手法练习

任务1　面团搅拌、滚圆及搓条

学习目标

课前	1. 能正确称量和选用制作面团的材料，按照烘焙一体化教室安全操作守则，正确使用工具和设备。 2. 通过课前预习，了解产品特点，了解面团搅拌和滚圆及搓条的操作手法，培养自主获取知识和处理信息的能力。
课中	1. 熟悉面团搅拌的具体过程。 2. 能在老师的指导下，遵照安全、卫生标准，独立完成产品制作；练习滚圆和搓条的手法时可反复使用练习面，提倡节约。 3. 能根据评分标准对自己和他人的作品进行合理评价。 4. 能严格遵守烘焙车间现场7S管理规范。 5. 在完成任务的过程中，培养"敬业""诚信"等社会主义核心价值观，树立节约、环保等意识。
课后	通过课后练习，不断完善制作手法，提高作品的品质和一致性，培养精益求精的工匠精神。

建议学时

6学时

📱 知识链接

一、面团的搅拌的六个阶段

（1）充分混合阶段　干原料和液体原料充分混合形成粗糙且黏湿的面团，整个面团不成形，无弹性且粗糙。

（2）成团阶段（又称面团卷起阶段）　面团中的面筋开始形成，面粉中的蛋白质充分吸水膨胀，这时面团已不再粘连搅拌缸的缸壁，用手触摸时仍然会黏手，没有弹性，且延伸性也不好。

（3）面团充分形成阶段（也称面筋扩展阶段）　随着继续搅拌，面团逐渐变软，面团表面逐渐变得干燥而有弹性，且表面有光泽，有延伸性，但用手拉时面团易断。

（4）面团搅拌成熟阶段（又称面筋完成阶段）　搅拌成熟阶段的面团变得柔软，不易黏手，有良好的延展性和弹性。表面干燥而有光泽，用手能将面团拉成薄片且拉破的边缘整齐，不显锯齿状。

（5）搅拌过渡阶段　如果完成阶段不停止搅拌，搅拌程度超过了面筋的搅拌耐受度，面筋就会开始断裂，面筋胶团中的水分溢出，面团表面再次出现水的光泽，出现黏性，失去了良好的弹性。用手拉面团时，面团黏手而柔软。面团到这一阶段则会对制品产生不良影响。

（6）面筋破坏阶段　若继续搅拌，则面团变成半透明并有流动性，黏性非常明显，面筋完全被破坏，从面团中洗不出面筋，用手拉面团时，手掌中会有一丝丝的线状透明胶质。

二、滚圆及其目的

滚圆是把面团放在工作台上，利用手掌旋转揉搓面团使面团变为圆形。其目的一方面是将面团整理成圆形、便于后期操作；另一方面，也更重要的是，让面团表面膨胀紧致形成光滑外膜，可以很好地包裹面团发酵产生的气体，为接下来的发酵步骤做准备。

三、搓条及其目的

搓条是把滚圆的面团放在工作台上，利用折叠、按压、搓揉等手法使面团变为长条形。在面包的制作过程中，很多情况下需要把面团处理成长条形以方便后期的成形操作，所以搓条是面包制作中重要的基础成形手法之一。

📋 任务实施

▦ 课前准备

一、产品介绍

面团搅拌是面包制作过程中配料后的第一个动作，是一切面包制品的基础，能否搅拌出硬度、筋度、温度都合适的面团，是能否完成一款面包制品的关键。在面包成形前，先要把经过初步醒发的面团处理成小面团，这是面包的预整形；在制作辫子面包、香肠卷等面包时要把面团先处理为条形，所以滚圆和搓条是面包成形重要的步骤，是基础中的基础。

二、配方

原料		烘焙百分比	质量	原料	烘焙百分比	质量
面粉	高筋面粉	70%	350g	水	52%	260g
	低筋面粉	30%	150g	酵母（选用）	0.4%	2g
盐		1.4%	7g	黄油	8%	40g

注：本教材配方中"烘焙百分比"是以配方所用的面粉总质量为总数，计算出其他用料的百分比。

三、课前思考

小组讨论后解答以下问题。

（1）在面团搅拌中，油脂要最后放入，如果开始就放入油脂会（　　　）

　　A. 减慢面团发酵　　　　　　　B. 增加面团硬度

　　C. 延长搅拌时间　　　　　　　D. 影响烘烤颜色

（2）中间醒发的主要目的是（　　　）

　　A. 强化面筋　　　　　　　　　B. 松弛面筋

　　C. 调节相对湿度　　　　　　　D. 促进发酵

（3）试着总结影响面团搅打的技术关键点

● 教学过程

一、任务导入

某面包厂订购了规格为60g的圆形冷冻面团200个和规格为40g的条形冷冻面团200个用于店面后期加工销售。这批订单由几个班组合作完成，你的班组到达烘焙车间后，接到门店产品库发来的《班组任务单》，请你按时按量完成此订单。

首先，请你接收《班组任务单》，做好生产前准备，根据生产流程和任务，填写《班组任务单》，申领所需的原料与工具。

班组任务单

编号：　　　　　　　　　　　　　　　　　　　日期：

任务产品名称	圆形冷冻面团；条形冷冻面团			
任务数量				
任务说明				
任务下达人	门店产品库	班组负责人		
工具申领单	名称	数量	名称	数量
原料申领单	名称	数量	名称	数量
车间归还记录	车间卫生安全员确认签字		归还具体时间	

二、组内分工

岗位	姓名	工作记录
原辅料领用员		
工具领用员		
卫生管理员		
质量安全员		

三、生产实施

配图	操作方法	关键点
	（1）将面粉投入搅拌机混匀，加入水，搅成面团	注意搅拌机的容积，不要投入过多或过少的原料，注意根据室温调节原材料的温度，预估搅拌完成时面团温度为26℃
	具体过程记录：	
	（2）待面团搅拌至成团阶段不粘缸时加入盐，继续搅拌待面团充分形成阶段加入黄油，直至面团搅拌成熟阶段	当黄油用量大时，要分次加入，先慢速将黄油搅拌均匀，再快速搅拌至黄油完全融入面团
	具体过程记录：	
	（3）将打好的面团取出，整理光滑，用塑料膜盖好，常温松弛20～30min	松弛后的面团面筋松软，方便操作，当面团过软时可以用速冻的方式加强面团硬度
	具体过程记录：	
	（4）将发好的面团分为40g、60g和80g三份	注意码放整齐，留下适当间距
	具体过程记录：	

1. 大面团方法（双手法）

配图	操作方法	关键点
	（1）将面团放在工作台上，轻拍排气；在有酵母的情况下，经基础醒发后，搓圆之前，需要排除其中的大气泡	此法适用于比较大的面团
	（2）双手四指并拢放置于面团前端	台面上撒少许手粉，不要过多
	（3）向身体方向聚拢面团，使面团拱起	—
	（4）旋转面团90°，重复聚拢面团的动作	—
	（5）一直重复旋转和聚拢步骤，直至面团成为光滑的圆形	—
	具体过程记录：	

2. 小面团方法（单手法）

配图	操作方法	关键点
	（1）把面团放在工作台上，用手握住；在有酵母的情况下，经基础醒发后，搓圆之前，需要排除其中的大气泡	此法适用于比较小的面团
	具体过程记录：	
	（2）用大拇指和大鱼际转动按压面团，把面团底部往里收	台面上撒少许手粉，不要过多
	具体过程记录：	
	（3）用余下四指配合小鱼际转动按压面团，把面团底部往里收	—
	（4）重复以上旋转按压面团、收拢面团底部的动作，直至面团成为光滑的圆形	减少的搓揉次数，不要搓得太紧
	具体过程记录：	

3. 搓条的方法

配图	操作方法	关键点
	（1）把圆形面团放在工作台上，用擀面杖擀成长片	面片应厚薄适度，方些
	（2）用一只手捏住面团上沿卷起，用另一只手大鱼际按压，边卷边按	不要放过多手粉，左右手具体分工根据个人习惯即可
	（3）边卷边按，从面团一头按到另一头	—
	（4）重复步骤（2）和步骤（3）直至将面团完全卷起	最后一行按压紧密些，完成收口；面团较硬时，收口可以用手指捏一遍，若收口不严在后续醒发和烘烤中可能会裂开
	（5）双手按压搓揉，使面卷变成长条形，达到需要的长度	—
	具体过程记录：	
	（6）根据需要，面团条可以为圆头或尖头，在制作圆头面团条时，卷起后直接搓长；在制作尖头面团条时，先搓尖再搓长	—
	具体过程记录：	

四、成本核算

根据实际情况，进行产品的成本核算。

序号	物料名称	品牌	规格/单位	单价/元	数量	小计/元	合计/元
1							
2							
3							
4							
5							
6							
7							
8							
9							
10							

五、总结与反思

（1）关于本次产品制作过程的温度控制关键点，你有什么发现？

（2）面团搅拌时后盐后油的目的是什么？

六、评价考核

"面团搅拌、滚圆及搓条"专业能力评价表

学生姓名：_____　　　组别：_____　　　日期：_____

评价环节	评价项目	评价内容	评价要素	0分	不及格	及格	良	优
课前评价（15%）	基础知识	自主学习	完成课前预习内容并回答相关问题（15分）	0	4	8	12	15
课中评价（70%）	面团搅拌	操作过程	1. 配料正确（3分） 2. 加料时机正确，根据需要选择正确搅拌机转速（3分） 3. 出缸面团搅打程度合适，面温合适（4分） 4. 出缸动作利落熟练（4分） 5. 注意操作卫生与安全（6分）	0	5	10	15	20

续表

评价环节	评价项目	评价内容	评价要素	0分	不及格	及格	良	优
课中评价（70%）	成形	操作过程	1. 面团分割和台面安排合理，分割面团大小均匀（2分） 2. 面团分割干净利落，下刀准确，每个面团分割后留有光滑面（4分） 3. 搓条干净利落，双手配合协调，尖端线条流畅协调（4分） 4. 收口处理松紧适度（4分） 5. 包馅时双手配合协调，手法正确（2分） 6. 注意操作卫生与安全（4分）	0	5	10	15	20
	产品码放		1. 烤盘干净整洁（2分） 2. 产品排布疏密得当节省空间（2分） 3. 面团封口朝下摆放，排列整齐，没有粘连（2分） 4. 注意操作卫生与安全（4分）	0	2	6	8	10
	产品呈现	产品展示	1. 产品码放整齐（2分） 2. 辫子编法正确，成品整体呈椭圆形，协调、圆润，纹理疏密得当（4分） 3. 产品收口严密，辫制松紧得当（2分） 4. 台面干净、清爽（2分）	0	2	6	8	10
	学习能力	探究归纳	1. 探究错误产生的原因（3分） 2. 能举一反三，具有知识迁移能力（3分） 3. 总结问题及重难点的解决办法（4分）	0	2	6	8	10
课后评价（15%）	巩固迁移能力	总结归纳	能够完成教师布置的作业（15分）	0	4	8	12	15
合计								
总分								

注：①总分 < 60 分为不及格；60 ≤总分 < 75 为及格；75 ≤总分 < 85 为良；总分 ≥ 85 为优；

②每个评分项目里，如出现安全问题或不出品则为 0 分；

③本表与附录《职业素养考核评价表》配合使用。

七、关机清理实训场地

按照要求完成以下清单内容，自检确认后，完成《班组任务单》。

流程结束整理清单

序号	工序	确认	序号	工序	确认
1	和面机关闭并清理		8	多媒体关机及白板清理	
2	制冰机清理关机		9	场地清理	
3	剩余原料清点上缴		10	水池清理及水龙头关闭	
4	借用工具清理上缴		11	清扫工具码放	
5	烤盘清洗		12	各级电源检查	
6	台面清理		13	关灯	
7	椅子码放		14	场地归还	

（1）将多余原料归还原料库管清点签字。

（2）将借用工具归还工具库管清点签字，如有工具缺失则需登记并与产品库管确认后签字。

（3）将产品送交产品库管签字。

（4）完成场地清理，由车间卫生安全员检查签字。

课后任务

1. 写出练习面的配方。

2. 回顾课上的练习情况，思考自己的不足，试着提出改善意见。

3. 在练习成形手法时，可以重复使用练习面团，在重复使用面团时需要注意什么？

4. 写出三种用到滚圆手法和三种用到搓条手法的面包产品。

任务 2　编辫、包馅

学习目标

课前	1. 能自主学习，了解产品资料，完成课前预习，以组为单位接受任务、制订工作计划和完成任务的学习环节。 2. 通过课前预习，了解产品特点，了解面团编辫、包馅的操作手法，培养自主获取知识和处理信息的能力。
课中	1. 熟悉辫子面包和面包馅料。 2. 能根据评分标准对自己和他人的作品进行合理评价。 3. 能严格遵守烘焙车间现场7S管理规范。 4. 在完成任务的过程中，养成"敬业""诚信"等社会主义核心价值观，增强节约、环保等意识。
课后	通过课后练习，不断完善制作手法，提高作品的品质和一致性，培养精益求精的工匠精神。

建议学时

6学时

知识链接

一、辫子面包

辫子面包由于外形如同一根辫子，编法也与辫子编法类似，所以被称作"辫子面包"。辫子面包历史悠久，从古希腊和古罗马的工艺品上的纹样中可以推测，当时的人们会在祭祀时制作这种面包。据说在欧洲曾有在陪葬品中放入女性的辫子的习俗，后来逐渐演变成用辫子面包代替女性的辫子。这种具有装饰性的辫子面包在瑞士、德国、奥地利及俄罗斯等国和北欧地区广为流传，而且在世界各地都得到了发展，在法国这种面包被称为多莱斯（Tresse）以萨瓦地区生产的最为有名，而在犹太民族中，这种面包则作为一种盛典面包。

二、面包的常见馅料

在实际生产中，很多时候面包会搭配各种馅料及装饰料，以实现外形、口感的多样化。面包的馅料可谓多种多样，甜的如卡仕达酱、椰丝；咸的如乳酪馅、火腿馅。将馅料包裹入面包的手法可以说是面包生产中重要的基础手法之一。

任务实施

课前准备

一、产品介绍

辫子面包是维也纳面包的一款经典形状，从技术层面上看辫子面包是一个合格的面包师练习基本功的经典产品。通过编辫练习，面包师可以快速熟悉面团品质，掌握擀、搓、压的基本成形手法。

带馅面包是常见面包品种，包馅技术是面包成形的基础技能之一，包馅面坯也可以进一步制作多种产品，通过包馅练习可以迅速熟悉手法。

二、配方

原料		烘焙百分比	质量	原料	烘焙百分比	质量
面粉	高筋面粉	70%	350g	酵母（选用）	0.4%	2g
	低筋面粉	30%	150g	黄油	12%	60g
盐		1.4%	7g	豆沙馅（练习时可用面团替代）	—	350g
水		52%	260g			

注：可制成约 4~5 个产品。

三、课前思考

1. 小组学习相关知识后解答以下问题

（1）面粉中蛋白质的含量影响着面包配方中的加水量，面粉中蛋白质每增加1%，加水量应相应增加（　　　）

　　　A. 1%　　　　　　　　　　B. 2%

　　　C. 3%　　　　　　　　　　D. 4%

（2）影响面团发酵速度的因素有（　　　）

    A. 面团温度   B. 面团湿度

    C. 面团酵母含量   D. 面团中盐含量

（3）面包配方中油脂含量增加，面包表皮会变得（　　　）

    A. 厚   B. 薄   C. 硬   D. 软

（4）在产品制作时，为什么要注重标准化生产？

2. 探究成果的展示分享

    请各小组结合本次任务的内容，把以下问题作为探究方向，通过搜集、总结、整理资料，进行探究，并形成探究报告（可以综合整理资料也可以提供自己的认知和见解）。

    问题：原材料的挑选是烘焙产品品质的重要影响因素，在本任务中产品的原材料的选择中，需要注意什么？从品控层面阐述原材料的选择原则。

教学过程

一、任务导入

    某面包厂订购了单个面团质量为30g的四股、五股、六股辫子半成品冷冻面包各100个，单个面团60g，馅料20g的半成品冷冻面包100个用于店面后期加工销售。这批订单由几个班组合作完成，你的班组到达烘焙车间后，接到门店产品库发来的《班组任务单》，请你按时按量完成此次订单。

    首先，请你接收《班组任务单》，做好生产前准备，根据生产流程和任务，填写下面《班组任务单》，申领所需的原料与工具。

班组任务单

编号：   日期：

任务产品名称	四股、五股、六股辫子半成品冷冻面包和包馅半成品冷冻面包		
任务数量			
任务说明			
任务下达人	门店产品库	班组负责人	

续表

	名称	数量	名称	数量
工具申领单				
	名称	数量	名称	数量
原料申领单				
车间归还记录	车间卫生安全员确认签字		归还具体时间	

二、组内分工

岗位	姓名	工作记录
原辅料领用员		
工具领用员		
卫生管理员		
质量安全员		

三、生产实施

1. 制备练习面团

配图	操作方法	关键点
	（1）按照项目一任务一中"三、生产实施步骤（1）～步骤（3）"的方法制作并松弛面团	—

配图	操作方法	关键点
	（2）将发好的面团分为30g每份滚圆，冷藏松弛15min备用	—
	具体过程记录：	

2. 一股辫子

配图	操作方法	关键点
	（1）将一个60g面团搓成圆头长条，等分三份，一份为面团条长边，两份摆放成环，做成数字"6"形	—
	（2）将较长的一头穿过"6"的圆环并整理面团条，使其松紧均匀适度	—
	（3）将圆环拧转一下，摆放平整	—
	（4）将剩下的一头从下方穿过圆环并露出少许，整理	编制时注意整理面团条，使其松紧均匀适度

3. 三股辫子

配图	操作方法	关键点
	（1）将三根尖头面团长条如配图所示交叉摆放	—
	（2）将左下方的一个尖头向右移动，形成配图所示形状	—
	（3）再将右下方的一个尖头向左移动，形成配图所示形状	—
	（4）重复步骤（2）和步骤（3），直至编完面团的一边	注意松紧适度，边编织边整理
	（5）将半成品如配图所示翻面	—
	（6）码放整理好	—

配图	操作方法	关键点
	（7）重复步骤（2）和步骤（3），直至编完面团的另一边	逐渐编织收口，形成辫子的尖端
	具体过程记录：	

4. 四股辫子

配图	操作方法	关键点
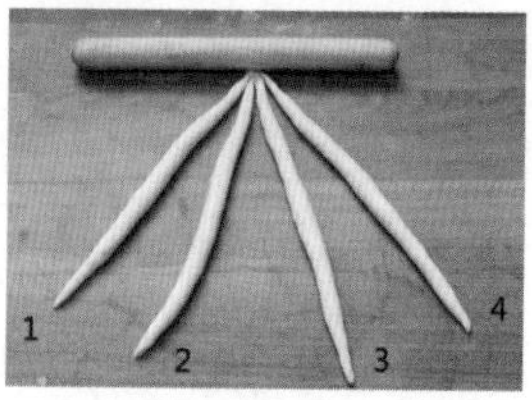	（1）将四根尖头面团长条尖端并拢，用一个重物压好	—
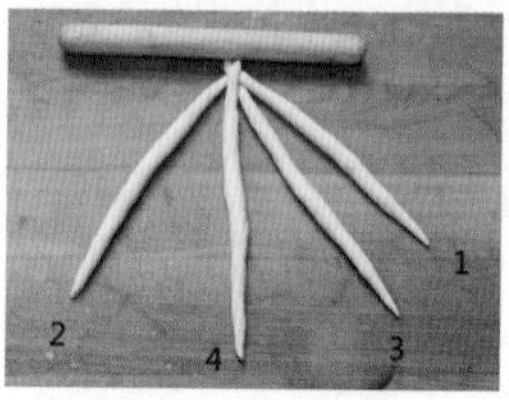	（2）将配图中所示1号面团长条向右移动2个位置，再将4号向左移动2个位置，整理	—
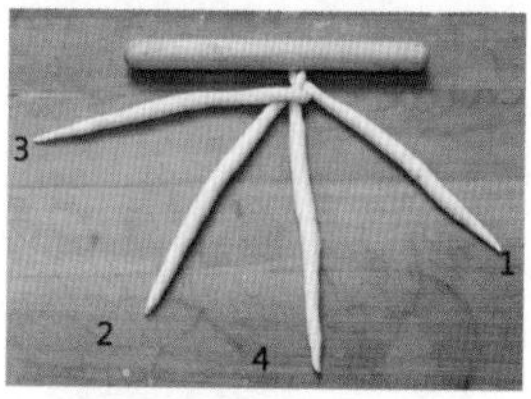	（3）将配图中所示3号面团长条向左移动2个位置，整理	—
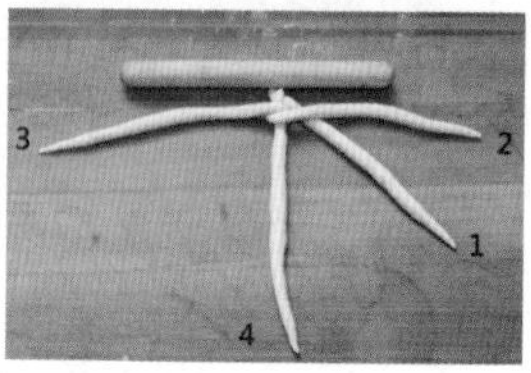	（4）将配图中所示2号面团长条向右移动2个位置，整理	从此步骤开始两个步骤为一个循环

配图	操作方法	关键点
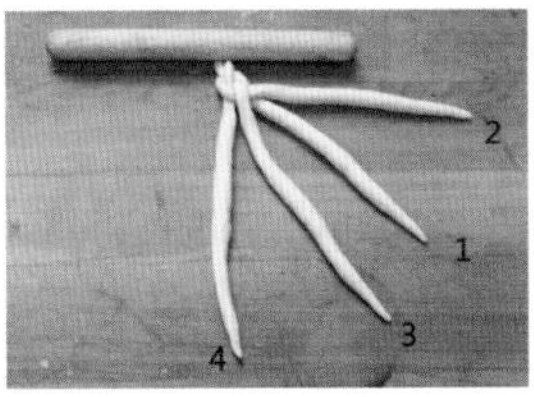	（5）将配图中所示3号面团长条向右移动1个位置，整理	—
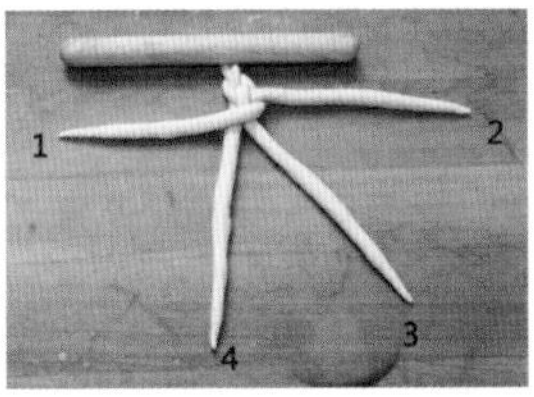	（6）将配图中所示1号面团长条向左移动2个位置，整理	一个循环开始
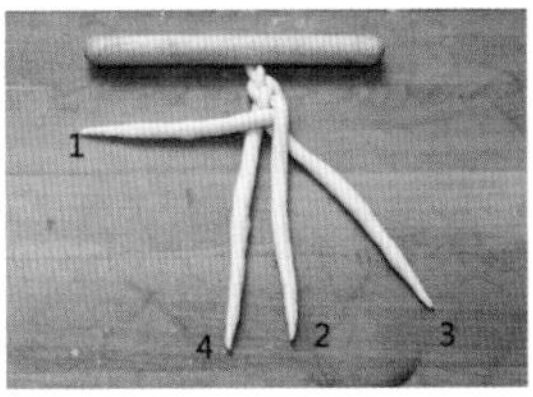	（7）将配图中所示2号面团长条向左移动1个位置，整理	—
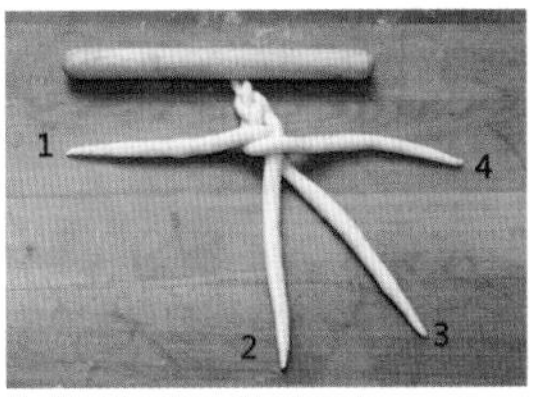	（8）将配图中所示4号面团长条向右移动2个位置，整理	又一个循环开始
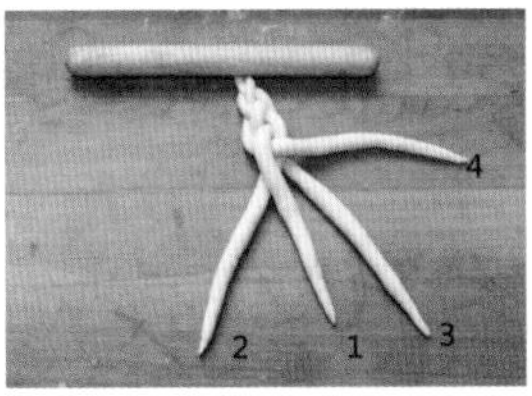	（9）将配图中所示1号面团长条向右移动1个位置，整理	按以上规律，不断重复即可
	（10）不断重复以上规律步骤，直至完成	—

配图	操作方法	关键点
	（11）完成收口，调整整体松紧	—
	具体过程记录：	

5. 包馅

配图	操作方法	关键点
	（1）准备60g面团一个，20g豆沙馅球一个	—
	（2）按压面团成圆片形，面片中间略厚	—
	（3）将面片放在虎口上，馅料置于面片上	—
	（4）用另一只手大拇指轻轻按压馅料，虎口配合转动面皮，逐渐收缩面片包住馅料	按压要轻，馅料过软时，也可用手掌轻轻按压
	具体过程记录：	

配图	操作方法	关键点
	（5）重复上一步动作，直至收口包严	注意双手配合
	（6）收口朝下放置	—
	具体过程记录：	

四、成本核算

根据实际情况，进行产品的成本核算。

序号	物料名称	品牌	规格/单位	单价/元	数量	小计/元	合计/元
1							
2							
3							
4							
5							
6							
7							
8							
9							
10							

五、总结与反思

（1）在辫子面包的编制中，你是怎么记忆面团条的顺序的？

（2）在制作编辫子面包的过程中，为什么力度要前紧后松？

（3）在辫子面包的制作中，如何体现工匠精神？

六、评价考核

"编辫、包馅"专业能力评价表

学生姓名：_____　　组别：_____　　日期：_____

评价环节	评价项目	评价内容	评价要素	0分	不及格	及格	良	优
课前评价（15%）	基础知识	自主学习	完成课前预习内容并回答相关问题（15分）	0	4	8	12	15
课中评价（70%）	面团搅拌	操作过程	1. 配料正确（3分） 2. 加料时机正确，根据需要选择正确搅拌机转速（3分） 3. 出缸面团搅打程度合适，面温合适（4分） 4. 出缸动作利落熟练（4分） 5. 注意操作卫生与安全（6分）	0	5	10	15	20
	成形		1. 台面安排合理，分割面团大小均匀（4分） 2. 面团分割干净利落，下刀准确，每个面团分割后留有光滑面（4分） 3. 搓条干净利落，双手配合协调，尖端线条流畅协调（4分） 4. 编辫编制正确，松紧适度（4分） 5. 包馅双手配合协调，手法正确（2分） 6. 注意操作卫生与安全（2分）	0	5	10	15	20
	产品码放		1. 烤盘干净整洁（2分） 2. 产品排布疏密得当，节省空间（2分） 3. 面团封口朝下摆放，排列整齐，没有粘连（2分） 4. 注意操作卫生与安全（4分）	0	2	6	8	10
	产品呈现	产品展示	1. 产品码放整齐（2分） 2. 辫子编法正确，成品整体呈椭圆形，形状协调、圆润，纹理疏密得当（2分） 3. 包馅成品形状圆润，收口严密，馅心处于正中位置（2分） 4. 产品码放整齐、干净、清爽（2分） 5. 台面清爽（2分）	0	2	6	8	10
	学习能力	探究归纳	1. 探究错误产生的原因（3分） 2. 能举一反三，具有知识迁移能力（3分） 3. 总结问题及重难点的解决办法（4分）	0	2	6	8	10

续表

评价 环节	评价 项目	评价 内容	评价要素	0 分	不 及 格	及 格	良	优
课后评价 （15%）	巩固迁移 能力	总结 归纳	能够完成教师布置的作业（15分）	0	4	8	12	15
合计								
总分								

注：①总分＜60分为不及格；60≤总分＜75为及格；75≤总分＜85为良；总分≥85为优；

　　②每个评分项目里，如出现安全问题或不出品则为0分；

　　③本表与附录《职业素养考核评价表》配合使用。

七、关机清理实训场地

按照要求完成以下清单内容，自检确认后，完成《班组任务单》。

流程结束整理清单

序号	工序	确认	序号	工序	确认
1	和面机关闭并清理		8	多媒体关机及白板清理	
2	制冰机清理关机		9	场地清理	
3	剩余原料清点上缴		10	水池清理及水龙头关闭	
4	借用工具清理上缴		11	清扫工具码放	
5	烤盘清洗		12	各级电源检查	
6	台面清理		13	关灯	
7	椅子码放		14	场地归还	

（1）将多余原料归还原料库管清点签字。

（2）将借用工具归还工具库管清点签字，如有工具缺失则需登记，并与产品库管确认
　　　后签字。

（3）将产品送交产品库管签字。

（4）完成场地清理，由车间卫生安全员检查签字。

课后任务

1. 写出练习面的配方。

2. 回顾课上的练习情况，想想自己的不足，并试着提出几条改善方法。

3. 在包馅过程中，要保证馅料在产品中部，不偏上也不偏下，需要注意哪些关键点？

项目二　　维也纳甜面包

任务1　花生面包制作

学习目标

课前	1. 能自主学习，搜集产品资料，完成课前学习任务，以组为单位接受任务、制订工作计划和完成任务的学习环节。 2. 通过课前预习，了解调理面包的产品特点，掌握调理面包的制作方法，培养自主获取知识和处理信息的能力。
课中	1. 熟悉烘焙用面粉的知识。 2. 能在老师的指导下，遵照安全、卫生标准，独立完成花生面包原料的混合，面团的制作、发酵与整形，会使用"揉""压""卷"等手法完成产品制作。 3. 能根据花生面包产品评价标准，查找自己的作品与标准作品的差别，并探究产生差别的原因，在反复探究和讨论中锻炼沟通能力、解决问题的能力和严谨认真的职业素养。 4. 在完成任务的过程中，养成"敬业""诚信"等社会主义核心价值观，增强节约、环保等意识。
课后	通过课后练习，不断完善制作手法，提高作品的品质和一致性，培养精益求精的工匠精神。

建议学时

6学时

知识链接

做好面包，不仅需要熟练的制作工艺，还需要好的材料。如何判断面粉的优劣，面粉又是如何转化成面包的，你真的了解吗？本任务中将介绍面包最重要的原料——面粉。

一、面粉

面粉是面包的"灵魂"，它决定了面包的口感。面包师的工作就是将面粉制作成面包。在这个过程中会经常遇到关于面团状态的各种问题，要解决这些问题就必须深入了解面粉。面粉是一种由小麦磨成的粉末。除了中国，美国、加拿大、澳大利亚也是小麦粉的主要生产国家。

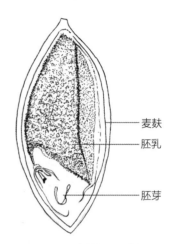

麦麸
胚乳
胚芽

图2-1　小麦粒的外形与构造

二、小麦的构造

小麦粒由胚乳、麦麸和胚芽三大部分构成（图2-1）。通过粉碎小麦，进行筛选过滤，去掉其外皮部分和胚芽，只留胚乳的粉状物，称小麦粉。

包住并保护胚乳的外皮是由纤维素构成的薄膜。小麦发芽的时候由胚乳向胚芽提供多种养分。胚乳的重要组成部分为蛋白质和高蛋白质淀粉层，它们的营养价值非常高，但在未进行加工的情况下人体很难吸收。

三、小麦粉的种类

小麦粉（图2-2）主要由蛋白质、碳水化合物、脂肪、矿物质、维生素和水分等成分组成。无论是做面包、甜点还是各种面食，蛋白质形成的面筋的性质对产品的影响都是非常大的，所以根据蛋白质的含量来区分小麦粉种类，可分为：高筋粉、准高筋粉、中筋粉、低筋粉。

图2-2　小麦粉

蛋白质含量最多的是高筋粉，用高筋粉做出来的面团会形成大量的面筋所以黏力和弹力会比较强。准高筋粉、中筋粉、低筋粉中含有蛋白质的量依次减少，所能形成面筋的量也依次减少，弹力和黏力也会依次变弱。

1. 高筋粉

高筋粉中蛋白质含量最高，能够制造出比较强劲的面团所以最适合做面包。现在市面上流通的高筋粉大多都是美国和加拿大生产的，所制成品有很好的弹力，比较适合制作吐司面包，国内生产的小麦粉的蛋白质含量并不是很高，大多不适合用于制作面包。

小麦粉的加工技术也会影响小麦粉制作的面包的特性。国内市场上比较适合制作面包的面粉大都是欧美或日本品牌的小麦粉，随着面包市场的发展，国内面包面粉也在快速发展。对于面包用小麦，应尽可能提高其蛋白质含量，但是由于小麦生长的环境限制，其蛋白质的含量基本上不会超过某一范围，面包师可以凭借自己的技术做出适合本国小麦粉的面包。作为面包师，应不断尝试改变生产技术以适应自己所使用的材料。

2. 准高筋粉

准高筋粉大多由美国和法国生产，其面筋的黏度和中筋粉比较接近，所以更能体现面粉本来的风味，所烤制的成品表面是比较酥脆的，所以比较适合制作法式面包和比较硬的面包。法国产的小麦的筋度并不是很高，但是法国通过特别的小麦粉的加工方法制造出的T系列面粉可以说是制作法式面包的必备原料。

3. 中筋粉

中筋粉的面筋加热之后会比较湿润且口感比较柔软，是制作条形面团的时候经常使用的面粉，还有那些比较有嚼劲的面包也适合使用中筋粉。

4. 低筋粉

低筋粉的小麦面筋的黏度比较低，加热之后膨胀度不好，不太适合做面包，因为其蛋白质的含量较低，成品口感比较细致，更适用于蛋糕等甜品的制作。在制作面包的时候为了降低筋度也可加入一定比例的低筋粉。

四、小麦的成分

大多数小麦粉的营养成分有：脂肪、纤维素、蛋白质、淀粉、水分等。

小麦粉的主要成分是淀粉，在制作面包、甜点或面类的时候，只要蛋白质的含量有稍许点差别，做出来的成品在体积和口感上就会存在很大的区别，所以要根据蛋白质的含量来区分小麦粉的种类（表2-1）。

表2-1　小麦粉种类及特性

特性	种类			
	高筋粉	准高筋粉	中筋粉	低筋粉
面筋量	多	较多	居中	少

续表

特性	种类			
	高筋粉	准高筋粉	中筋粉	低筋粉
粒度	粗	微粗	居中	细
质地	硬质	硬质	软硬居中	软质
用途	面包类	面包类	面类	甜点类
蛋白质含量	11.5%~14.0%	11%~11.5%	8.0%~11.0%	7.5%~9.5%

只有真正对面粉有彻底的认识才能够更好地运用它，这是做一名合格的面包师的第一步，也是重要的一步。

任务实施

课前准备

一、产品介绍

调理面包是一种常见的面包品类，其因在制作过程中需加入调理酱料（或馅料）而得名，以使用甜面团为主。从加工方式分，调理面包可分为冷调理面包与热调理面包，冷调理面包的调理酱料加入面坯后不需经过加热（即面坯成熟继而冷却后再加入调理酱料），而热调理面包反之（即面坯在加入调理酱料后还需加热）。本任务中制作的花生面包是一种冷调理面包。

花生面包是一种常见的调理面包，利用成熟冷却的面包底坯加入花生酱制成，再经过简单装饰，突出了花生的香味。这种调理方式也是面包生产中常用的技法。

二、配方

1. 面团配料

原料		烘焙百分比	质量
面粉	高筋面粉	80%	400g
	低筋面粉	20%	100g
砂糖		20%	100g

续表

原料	烘焙百分比	质量
盐	1.2%	6g
高糖干酵母	1%	5g
全蛋	12%	60g（约1个）
牛乳	50%	250g
黄油	12%	60g
老面	15%	75g

注：可制成约 17 个产品。

2. 卡仕达酱配料

原料	质量	原料	质量
卡仕达粉	37g	牛乳	100g

三、课前思考

1. 小组阅读花生面包制作的相关知识和制作方法的资料并完成以下题目

　（1）调理面包根据工艺分类可分为（　　）种

　　　A. 2　　　　　B. 3　　　　　C. 4　　　　　D. 5

　（2）卡仕达粉又称为吉士粉，在用于调制酱料时需加入（　　）倍的水或牛乳

　　　A. 2　　　　　B. 3　　　　　C. 4　　　　　D. 5

　（3）调理面包在烘焙店面销售中占有重要的地位，试分析其在实体店销售中的优点和缺点。

2. 探究成果的展示分享

　　　请各小组结合本任务的内容，把以下问题作为探究方向，通过搜集、总结、整理资料，进行探究并形成探究报告（可以综合整理资料也可以提供自己的认知和见解）。

　　　问题：本产品可以产生哪些变形产品？变形后其成本和市场会产生哪些变化？试着推断变形产品的发展方向。

教学过程

一、任务导入

　　某客户想要举办个人野餐派对，定制花生面包100件，要求制品大小一致，成品单个质量在50g左右，包装规格1件/盒，客户要求在1d内完成制作并交货，请你按客户要求完成任务。这批订单由几个班组合作完成，你的班组到达烘焙车间后，接到门店产品库发来的《班组任务单》，请你按时按量完成此次订单。

　　首先，请你接收《班组任务单》，做好生产前准备，根据生产流程和任务，填写《班组任务单》，申领所需的原料与工具。

班组任务单

编号：　　　　　　　　　　　　　　　　　　日期：

任务产品名称	花生面包			
任务数量				
任务说明				
任务下达人	门店产品库	班组负责人		
工具申领单	名称	数量	数量	名称
原料申领单	名称	数量	数量	名称
车间归还记录	车间卫生安全员确认签字		归还具体时间	

二、组内分工

岗位	姓名	工作记录
原辅料领用员		
工具领用员		
卫生管理员		
质量安全员		

三、生产实施

配图	操作方法	关键点
	（1）准备工作：烤箱提前预热；提前1d制作老面	制作老面：将高筋面粉37.5g、水37.5g、高糖干酵母0.37g混合均匀，室温发酵2h，再冷藏12h
	具体过程记录：	
	（2）将高筋面粉、高糖干酵母、砂糖、老面混匀，加入全蛋和水，搅成面团，待面团搅拌至不粘缸时加入黄油和盐，直至打出手膜	采用后盐后油法，可以有效缩短面团搅打的时长
	具体过程记录：	
	（3）将打好的面团取出，整理光滑，用塑料膜盖好，常温醒发20～30min	根据不同室温条件适当调整醒发的时间，也可根据环境温度在配料过程中适当增高或降低高糖干酵母的量
	具体过程记录：	

配图	操作方法	关键点
	（4）将发酵完成的软质面团分割成60g/个，然后揉成光滑的球形，盖好，松弛15~20min后即可成形	滚圆面团应圆而松，用最少的搓揉使面团成为圆形
	具体过程记录：	
	（5）将面团压成饼	不要加过多手粉，否则成形后接口容易开裂
	（6）将面饼卷成橄榄形（梭子形）注意接口平直，按压时注意力道均匀	—
	（7）放入烤盘，以30℃，相对湿度75%，发酵50min	—
	具体过程记录：	
	（8）发酵好后，在面团表面刷上全蛋液	—

配图	操作方法	关键点
	（9）挤上卡仕达酱	裱花嘴抬高一些，可以使挤出的卡仕达酱的线条更流畅
	（10）放入烤箱，以上火200℃、下火180℃，烘烤13min，根据烤炉具体情况可做时间调整	—
	（11）出炉冷却，用锯齿刀从中间切开	—
	具体过程记录：	
	（12）在其表面涂抹上花生酱，蘸上烘烤过的花生碎，再撒上糖粉	生花生碎需提前烘烤，以160℃烘烤10min，放凉使用
	具体过程记录：	
	成品描述与分析：	

四、成本核算

根据实际情况，进行产品的成本核算。

序号	物料名称	品牌	单位	数量	单价/元	小计/元	合计/元
1							
2							
3							
4							
5							
6							
7							
8							
9							
10							
11							
12							
13							
14							
15							
16							
17							
18							
19							
20							
出品数		包装规格			包装单价		
包装成本		单份成本			出品率		

五、总结与反思

（1）在制作花生面包的基础面团醒发时，醒发终点如何判断？

（2）面团醒发过度的后果是什么？

（3）思考用卡仕达粉制作卡仕达酱的注意事项。

（4）试着分析在制作花生面包时，如何在保证品质的情况下，节约成本，避免浪费。

六、评价考核

"花生面包制作"专业能力评价表

学生姓名：_____　　　　组别：_____　　　　日期：_____

评价环节	评价项目	评价内容	评价要素	0分	不及格	及格	良	优
课前评价（15%）	基础知识	自主学习	完成课前预习内容并回答相关问题（15分）	0	4	8	12	15
课中评价（70%）	面团搅拌	操作过程	1. 配料正确（3分） 2. 加料时机正确，根据需要选择正确的搅拌机转速（3分） 3. 出缸面团搅打程度合适，面温合适（4分） 4. 出缸动作利落熟练（4分） 5. 注意操作卫生与安全（6分）	0	5	10	15	20
	成形		1. 面团分割准确利落（3分） 2. 面团滚圆手法稳定、形状均一（3分） 3. 面团一致性好，封口平直，线条流畅（4分） 4. 面团排气、醒发后无明显大气泡（4分） 5. 注意操作卫生与安全（6分）	0	5	10	15	20
	醒发和烘烤		1. 醒发箱设置正确（2分） 2. 醒发终点选择合适（2分） 3. 面团进出醒发箱操作迅速、流畅、轻柔（2分） 4. 注意操作卫生与安全（4分）	0	2	6	8	10
	产品呈现	产品展示	1. 产品表皮呈棕红色，有光泽（2分） 2. 产品外形整齐，大小均一（2分） 3. 产品表面卡仕达酱线条流畅，花生碎装饰均匀（2分） 4. 产品口感柔软，酱料风味浓郁（2分） 5. 产品码放整齐，台面清爽（2分）	0	2	6	8	10
	学习能力	探究归纳	1. 探究错误产生的原因（3分） 2. 能举一反三，具有知识迁移能力（3分） 3. 总结问题及重难点的解决办法（4分）	0	2	6	8	10
课后评价（15%）	巩固迁移能力	总结归纳	能够完成教师布置的作业（15分）	0	4	8	12	15
合计								
总分								

注：①总分＜60分为不及格；60≤总分＜75为及格；75≤总分＜85为良；总分≥85为优；

　　②每个评分项目里，如出现安全问题或不出品则为0分；

　　③本表与附录《职业素养考核评价表》配合使用。

七、关机清理实训场地

按照要求完成以下清单内容，自检确认后，完成《班组任务单》。

流程结束整理清单

序号	工序	确认	序号	工序	确认
1	和面机关闭并清理		10	椅子码放	
2	醒发箱关闭并清理		11	多媒体关机及白板清理	
3	烤箱关闭并清理		12	场地清理	
4	制冰机清理关机		13	水池清理及水龙头关闭	
5	产品清点包装上缴		14	清扫工具码放	
6	剩余原料清点上缴		15	各级电源检查	
7	借用工具清理上缴		16	关灯	
8	烤盘清洗		17	场地归还	
9	台面清理				

（1）将多余原料归还原料库管清点签字。

（2）将借用工具归还工具库管清点签字，如有工具缺失则需登记，并与产品库管确认后签字。

（3）将产品送交产品库管签字。

（4）完成场地清理，由车间卫生安全员检查签字。

📝 课后任务

1. 总结本任务产品制作流程，标注重难点。

2. 总结你在本任务操作中的不足之处，试提出可行的改正方法。

任务 2　菠萝包制作

学习目标

课前
1. 能正确选用和称量菠萝包的原辅材料，按照烘焙一体化教室安全操作守则，正确使用工具和设备。
2. 通过课前预习，了解甜面包的产品特点，掌握菠萝包的制作方法，培养自主获取知识和处理信息的能力。

课中
1. 能根据教师演示或操作视频，总结制作产品时的易错点。
2. 能根据评分标准对自己和他人的作品进行合理评价。
3. 能严格遵守烘焙车间现场7S管理规范。
4. 在完成任务的过程中，培养"敬业""诚信"等社会主义核心价值观，增强节约环保等意识。

课后
通过课后练习，不断完善制作手法，提高作品的品质和一致性，培养精益求精的工匠精神。

建议学时
6学时

知识链接

一、小麦粉的等级

在将小麦制成细粉时会有部分外皮混入小麦粉中，容易使得小麦粉色泽变差，其中的酶的活性变强，加工更困难，面筋软化。而外皮混入量少的小麦粉，也就是胚乳纯度高的小麦粉，色泽洁白，加工性能上佳。

根据纯度的不同将小麦粉分为特等粉，一等粉，二等粉，三等粉和末粉五种。

特等粉的灰分含量在0.3%~0.4%，一等粉的灰分含量在0.4%~0.45%，二等粉的灰分含量在0.45%~0.65%，三等粉的灰分含量在0.7%~1.0%，末粉的灰分含量在1.2%~2.0%。

二、为什么高筋面粉比较适合制作面包

高筋面粉正如字面的意思，是具有较高筋度的面粉。

首先了解一下面筋是什么：面筋是小麦粉中的蛋白质形成的比较有弹力和黏力的物质（图2-3）。

图2-3　小麦面筋

用手去按压揉好的面团，如果压下去的部分还能够再弹回来就是小麦粉中的面筋含量高了。面筋其实并不是原本就存在于小麦粉当中的，只有在小麦粉中加入一定量的水，然后小麦粉中的蛋白质同水结合，才产生面筋。

三、面筋的属性

对于面包师来说，什么才是一个完美的面团？

一方面，面团要搅拌得尽可能好——在搅拌的时候不粘缸，不会给整形带来困难，拉长的时候也不会产生裂口；另一方面，面团在出炉的时候要膨胀到尽可能大。

好的面团应该有延展性，有良好的筋度，才可以做出令人满意的产品；要有足够的韧性，才能够承受住大量的空气和二氧化碳的压力，做出的面包才可以膨胀得好。使用面筋力道强劲的面粉，是为了防止面包面团发酵时所产生的二氧化碳逸至面团外，因此需要具有弹力的面筋薄膜组织，如果这个薄膜组织无法保留住二氧化碳，那么就不能制作出膨松柔软的面包了。

为了达到这个效果，就需要相当分量的小麦蛋白，所以在面包制作时，小麦蛋白占小麦粉约11%以上的高筋面粉，是较理想的选择。

面筋的形成与揉捏方法、揉捏时间和温度三种条件有关。为了形成完整的面筋则需要充分的水和时间使面筋膨胀至饱满，越是强力的面筋越是需要水和长时间的揉捏（图2-4）。因此，要使面包筋道十足就需要蛋白质含量高的小麦粉与长时间的揉捏搅拌，而温度越低则形成面筋的时间越长，温度高越容易形成面筋。

图2-4　手工揉面

很多食品当中都含有蛋白质，但能形成面筋是小麦粉特有的性质。首先加入小麦粉质量的60%~70%的水进行搅和然后形成面团，这个面

团通过不断地揉捏，淀粉就会流出来，最后剩下来的就是面筋了，把面筋拉长就会看到扩张的网状结构，面筋像口香糖一样比较有黏性，也比较有弹性。

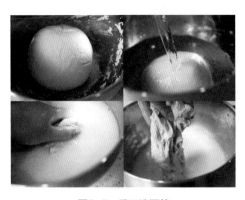

图2-5　手工洗面筋

要从面团中得到很好的面筋，就需要加入适当的水然后充分揉捏，这一点是非常重要的，水如果加入太多或是不足又或者揉捏不充分，就不会形成很好的面筋了（图2-5）。

高筋面粉做的面包：吸水性强，体积比较大，烤制出来的颜色比较深且有光泽，口感比较柔软。

高筋面粉做的蛋糕：吸水性强，体积小，烤制出来的颜色比较差，口感比较硬。

低筋面粉做的面包：吸水比较弱，体积较小，颜色淡也没有光泽，口感又硬又干。

低筋面粉做的蛋糕：吸水比较弱，体积较大，烤出来的颜色比较好也有光泽，口感柔软。

任务实施

课前准备

一、产品介绍

菠萝包是源自香港的一种甜味面包，据说是因为菠萝包经烘焙过后表面形成金黄色凹凸不平的脆皮状似菠萝而得名。菠萝包外层表面的脆皮一般由砂糖、鸡蛋、面粉与黄油烘制而成，是菠萝包的灵魂。

菠萝包并没有菠萝的成分，面包中间也没有馅料，不过香港人喜欢将菠萝包横着切开，夹入一片厚厚的黄油，这样菠萝油就诞生了。新鲜出炉的菠萝面包夹上冰冷的黄油，因为菠萝面包的热度影响，黄油溶化在面包中间，面包也会被溶化的黄油变成金黄色，咬上一口，浓厚的黄油香味在舌尖漾开。

香港很多茶餐厅都会供应这种食品搭配奶茶作为下午茶或者早餐。菠萝包的售价一般会比其他有馅料的面包便宜，但味道又比没有馅料的餐包丰富，所以深受香港人欢迎。一些茶餐厅更会将黄油连冰粒送上餐桌，好让黄油被夹到菠萝包中时仍然保持在冰冻的状态，使冷热口感的对比更加强烈。

二、配方

1. 菠萝皮配料

原料	质量
高筋面粉	130~150g
砂糖	100g
黄油	100g
蛋黄	40g

2. 甜面包配料

原料	烘焙百分比	质量
高筋面粉	100%	500g
高糖干酵母	1.4%	7g
盐	1%	5g
乳粉	4%	20g
砂糖	24%	120g
水	26%	130g
鸡蛋	32%	160g
老面	15%	75g
黄油	8%	40g

注：可制成约 17 个产品。

三、课前思考

1. 小组学习相关知识后解答以下问题

（1）菠萝包经烘烤后，其表皮开裂酷似菠萝，菠萝包是一种（　　）

　　A. 发酵面团　　　　　　　　B. 韧性面团

　　C. 清酥面团　　　　　　　　D. 混酥面团

（2）在菠萝包的原产地香港，菠萝包一般会加入一片（　　），人们称这种产品为"菠萝油"

　　A. 椰子油　　　　　　　　　B. 黄油

　　C. 起酥油　　　　　　　　　D. 棕榈油

（3）结合菠萝包的原材料和生产工艺，说说菠萝包表皮独特的口感和外形产生的原因？

2. 探究成果的展示分享

　　请各小组结合本任务的内容，把以下问题作为探究方向，通过搜集、总结、整理资料，进行探究，形成探究报告（可以综合整理资料也可以提供自己的认知和见解）。

　　问题：描述产品的制作流程及操作要点。

教学过程

一、任务导入

某客户想要举办春游派对，制作早茶便当，定制菠萝包100件，要求制品大小一致，单品质量50~60g，包装规格1件/盒，客户要求在1d内完成制作并交货，请你按客户要求完成任务。这批订单由几个班组合作完成，你的班组到达烘焙车间后，接到门店产品库发来的《班组任务单》，请你按时按量完成此次订单。

首先，请你接收《班组任务单》，做好生产前准备，根据生产流程和任务，填写《班组任务单》，申领所需的原料与工具。

班组任务单

编号：　　　　　　　　　　　　　　　　　　　日期：

任务产品名称	菠萝包			
任务数量				
任务说明				
任务下达人	门店产品库	班组负责人		
工具申领单	名称	数量	名称	数量
原料申领单	名称	数量	名称	数量
车间归还记录	车间卫生安全员确认签字		归还具体时间	

二、组内分工

岗位	姓名	工作记录
原辅料领用员		
工具领用员		
卫生管理员		
质量安全员		

三、生产实施

配图	操作方法	关键点
	（1）准备工作：烤箱提前预热；提前制作老面	制作老面：将高筋面粉37.5g、水37.5g、高糖干酵母0.37g混合均匀，室温发酵2h，再冷藏12h
	具体过程记录：	
	（2）将高筋面粉、高糖干酵母、砂糖、乳粉、老面混匀，加入鸡蛋和水，搅成面团，待面团搅拌至不粘缸时加入黄油和盐，直至打出手膜	—
	（3）将打好的面团取出，整理光滑，用塑料膜盖好，常温醒发20～30min	—
	（4）将发好的面团分割为每60g一份，滚圆成球形，盖好松弛15～20min	—
	具体过程记录：	

配图	操作方法	关键点
	（5）将黄油和砂糖用手持打蛋器打至发白	—
	（6）分次加入蛋黄继续打至均匀发白	—
	（7）将高筋面粉过筛	—
	（8）将过筛的高筋面粉与打好的黄油混匀	实时调整面粉的用量，以调节菠萝包硬度
	（9）将面团揉匀至没有干粉即可，过度搓揉会影响菠萝包表皮的开裂效果	—
	具体过程记录：	
	（10）根据菠萝包面团的大小取一块合适的菠萝包表皮在手心按平，手上加少量干粉以避免粘黏	每60g面团配18~20g一块的菠萝包表皮

配图	操作方法	关键点
	（11）将醒发好的甜面团揉成球状然后捏住收口，摁在菠萝包表皮上，边摁边把旁边的面往里收，直到整个面团被菠萝包表皮均匀地包裹住	注意手法，使菠萝包表皮厚度均匀
具体过程记录：		
	（12）将面团底部封口收边	收口向下摆放，表面可蘸粗砂糖以调节口味
	（13）将成形后的菠萝包放入醒发箱醒发，醒发温度30℃，相对湿度50%，醒发时间50min，发至原面团的两倍大左右即可取出	适当降低醒发相对湿度，促使表皮开裂
	（14）在发好的菠萝包表面刷蛋液	蘸砂糖的情况下可不刷蛋液
具体过程记录：		
	（15）放入烤箱烤制，烤温上火190℃、下火170℃，时间20min左右，烤至表面色泽金黄即可	蘸糖的产品未刷蛋液，在烘烤时适当提高上火温度
具体过程记录：		

配图	操作方法	关键点
	成品描述与分析：	

四、成本核算

根据实际情况，进行产品的成本核算。

序号	物料名称	品牌	规格/单位	单价/元	数量	小计/元	合计/元
1							
2							
3							
4							
5							
6							
7							
8							
9							
10							
11							
12							
出品数		包装规格		包装单价			
包装成本		单份成本		出品率			

五、总结与反思

（1）菠萝包面团为何要刷蛋液？

（2）菠萝包在醒发过程中，往往会适当降低醒发的相对湿度，谈谈原因，并试想一下醒发的相对湿度过高和过低的影响。

（3）菠萝包表皮在醒发和烘烤后，开裂碎块有大有小，请结合配料和工艺手法分析原因。

（4）在菠萝包的生产销售中，如何贯彻绿色环保意识？

六、评价考核

"菠萝面包制作"专业能力评价表

学生姓名：＿＿＿＿＿＿＿＿　　　组别：＿＿＿＿＿＿＿＿　　　日期：＿＿＿＿＿＿＿＿

评价环节	评价项目	评价内容	评价要素	0分	不及格	及格	良	优
课前评价（15%）	基础知识	自主学习	完成课前预习内容并回答相关问题（15分）	0	4	8	12	15
课中评价（70%）	面团搅拌	操作过程	1. 配料正确（3分） 2. 加料时机正确，根据需要选择正确的搅拌机转速（3分） 3. 出缸面团搅打程度合适，面温合适（4分） 4. 出缸动作利落熟练（4分） 5. 注意操作卫生与安全（6分）	0	5	10	15	20
	成形		1. 发酵面团搓圆松紧适度，形状圆润均匀（5分） 2. 菠萝皮混酥面团搓揉适度，硬度适宜（5分） 3. 包菠萝皮手法正确，菠萝皮厚度适当且均匀（5分） 4. 注意操作卫生与安全（5分）	0	5	10	15	20
	醒发和烘烤		1. 醒发箱设置正确（2分） 2. 醒发终点选择合适（2分） 3. 适当调低相对湿度，菠萝皮开裂程度适当，开裂均匀（4分） 4. 注意操作卫生与安全（2分）	0	2	6	8	10
	产品呈现	产品展示	1. 下火合适，产品颜色呈棕黄色（2分） 2. 产品外形整齐，大小均一（2分） 3. 产品表面酥皮薄厚均匀，开裂均匀（2分） 4. 产品口感松软，风味浓郁（2分） 5. 产品码放整齐，台面清爽（2分）	0	2	6	8	10
	学习能力	探究归纳	1. 探究错误产生的原因（3分） 2. 能举一反三，具有知识迁移能力（3分） 3. 总结问题及重难点的解决办法（4分）	0	2	6	8	10

续表

评价 环节	评价 项目	评价 内容	评价要素	0 分	不 及 格	及 格	良	优
课后评价 （15%）	巩固迁移 能力	总结 归纳	能够完成教师布置的作业（15分）	0	4	8	12	15
合计								
总分								

注：①总分＜60分为不及格；60≤总分＜75为及格；75≤总分＜85为良；总分≥85为优；

②每个评分项目里，如出现安全问题或不出品则为0分；

③本表与附录《职业素养考核评价表》配合使用。

七、关机清理实训场地

按照要求完成以下清单内容，自检确认后，完成《班组任务单》。

流程结束整理清单

序号	工序	确认	序号	工序	确认
1	和面机关闭并清理		10	椅子码放	
2	醒发箱关闭并清理		11	多媒体关机及白板清理	
3	烤箱关闭并清理		12	场地清理	
4	制冰机清理关机		13	水池清理及水龙头关闭	
5	产品清点包装上缴		14	清扫工具码放	
6	剩余原料清点上缴		15	各级电源检查	
7	借用工具清理上缴		16	关灯	
8	烤盘清洗		17	场地归还	
9	台面清理				

（1）将多余原料归还原料库管清点签字。

（2）将借用工具归还工具库管清点签字，如有工具缺失则需登记，并与产品库管确认后签字。

（3）将产品送交产品库管签字。

（4）完成场地清理，由车间卫生安全员检查签字。

📝 **课后任务**

1. 总结本任务产品制作流程，标注重难点。

2. 根据本任务的《专业能力评价表》中的扣分项，总结不足并分析原因。

3. 针对本任务的操作过程，你对面包工艺、实训室管理方面有什么想法，试着写出几条。

任务 3　维也纳巧克力棒制作

学习目标

课前	1. 能自主学习，搜集产品资料，完成课前学习任务，以组为单位接受任务、制订工作计划和完成任务的学习环节。
	2. 通过课前预习，了解甜面包的产品特点，掌握巧克力甜面包的制作方法，培养自主获取知识和处理信息的能力。

课中	1. 熟悉面包用糖类知识。
	2. 能在老师的指导下，遵照安全、卫生标准，独立完成原料的混合，面团的制作、发酵、整形，会使用"揉""挤""卷""割"等手法进行产品制作，提倡节约，树立精益求精的工匠精神。
	3. 在完成任务的过程中，养成"敬业""诚信"等社会主义核心价值观，增强节约环保等意识。

课后	通过课后练习，不断完善制作手法，进一步提高作品的品质和一致性，培养精益求精的工匠精神。

建议学时

6学时

📖 知识链接

砂糖、粗砂糖、绵白糖和糖粉……刚接触烘焙的人，很容易被这些名词弄迷糊。糖在烘焙中起到了不可忽视的作用，它不但是甜味剂，也是面包中酵母能量的来源。为了更好地学习烘焙我们需要了解做烘焙用糖的种类和作用。

烘焙用糖的分类方法不是单一的，从水分含量可以分为干性糖与湿性糖；而从颜色可以分为有色糖与无色糖；从对产品的影响可以分为有形糖和无形糖；根据分子结构的不同，糖类可分为单糖、二糖与多糖。而根据糖的精制程度、来源、形态和色泽，在烘焙产品制作中通常分如下几类。

一、精制白砂糖

精制白砂糖简称砂糖，为粒状晶体，根据晶体的大小，有粗砂糖、中砂糖、细砂糖三种。目前市面上供应较多是细砂糖，用甘蔗或甜菜制成，特点是纯度高、水分低、杂质少。

国产砂糖的蔗糖含量高于99.45%、水分低于0.12%，并按标准规定分为优级、一级、二级三个等级，均适用于面包生产，而制作蛋糕或饼干的时候，通常使用细砂糖，它更容易溶入面团或面糊里。

二、粗砂糖

粗砂糖属于未精制的原糖，纯度低、杂质多、水分大、颜色浅黄，如国产的二号糖和进口的巴西糖、古巴糖等。

粗砂糖一般用来做糕点的外皮，比如砂糖茶点饼干、蝴蝶酥等，其粗糙的颗粒可以增加糕点的质感。粗砂糖还可以用来做糖浆，比如转化糖浆。粗砂糖不适合做曲奇、蛋糕、面包等糕点，因为它不容易溶解，易残留较大的颗粒在制品里。

三、绵白糖

绵白糖顾名思义，是非常绵软的白糖，晶体细小均匀，颜色洁白，质地软绵，纯度低于砂糖，含糖量在98%左右，水分低于2%。

绵白糖在烘焙里处于什么地位呢？一定程度上来说，绵白糖的颗粒较细，可以作为砂糖的替代品。不过，也因为绵白糖的性质与砂糖有些许差别，所以表现在糕点里的特性也会有一定差别。但大多数时候，使用绵白糖代替砂糖，不会对成品造成太大的影响，但是做马卡龙这样对水分含量要求严苛的甜点，一定不能用绵白糖。

四、赤砂糖

赤砂糖为粒状晶体，颜色为棕黄色，杂质较多，水分和还原糖含量高。

五、红糖

红糖（片糖、黄糖）一般由土法榨制而得，杂质最多，纯度最低。制取红糖前的黑糖，在甜味中夹杂微焦香味，适合做日式面包。而红糖属于精制糖类，水分含量高，易结块，颗粒粗糙，甜味适中。红糖面包的风味较重，颜色较深。

六、红糖粉

红糖粉的纯度比红糖高些，且秤取方便，比红糖使用广泛。

七、冰糖及冰片糖

冰糖及冰片糖不方便秤取，成本高、应用较少，一般在制作中式甜点时使用较多。

八、葡萄糖及葡萄糖浆

由淀粉通过酶催化或在酸存在的情况下经水解作用得到葡萄糖浆，葡萄糖浆再经喷雾干燥后得到粉状葡萄糖（一般水分在8%）。

九、麦芽块及麦芽糖浆

大麦、小麦经水解得到麦芽块，我国生产的麦芽块成品一般称饴糖。麦芽糖浆是麦芽糖的一种常见状态，在面包生产中常用到麦芽糖浆。

十、转化糖浆

蔗糖加水在一定条件下加热制得转化糖浆，其特点是黏度低、透明性好，是做广式月饼的必备原料。

十一、果葡糖浆

转化糖浆中的一部分葡萄糖在葡萄糖酶的作用下，转化为果糖可得到果葡糖浆（异构糖浆）。工业上生产的果葡糖浆的异构转化率在42%，其甜度与蔗糖相等，若再提高转化率，则可得到更高的甜度。

十二、蜂蜜

蜂蜜的风味源于花粉，是蜜蜂的分泌物、甜度较高，且有特殊风味，多用于烘焙低热量面包，味道香醇、偏甜，容易结晶。

蜂蜜的保水性高于一般糖类，可有效保持面团的水分。在面包表面刷上蜂蜜烘烤不仅可以调味，也可加速面包表皮的变色，令面包呈现出金棕色等饱满色泽，多适用于日式面包、软欧包等。

十三、糖蜜

糖蜜是糖厂制糖时，糖浆经浓缩后剩下的母液，杂质最多，但具有特殊的香味，在生产全麦面包时常有采用。

十四、枫糖浆

枫糖浆是枫树汁液提取物，微酸，常搭配华夫饼、切片面包食用。枫糖浆有枫叶的清香，甜度略低于蜂蜜。

任务实施

课前准备

一、产品介绍

维也纳巧克力棒，是由维也纳甜面团加入（耐烤）巧克力豆，通过排气、擀压、搓条的手法，制作的棒状面包，味道甜美浓郁，组织致密有韧性，口感筋道，加入的巧克力豆更丰富了其口味，也可选择加入坚果、果干等辅料，是一款多变的有料的面包。

二、配方

原料		烘焙百分比	质量	原料	烘焙百分比	质量
面粉	高筋面粉	80%	400g	黄油	10%	50g
	低筋面粉	20%	100g	乳粉	8%	40g
砂糖		4%	20g	（耐烤）巧克力豆	20%	100g
盐		1.8%	9g	水	64%	320g
高糖干酵母		1%	5g			

注：可制成约 7 个产品。

三、课前思考

1. 阅读维也纳巧克力棒制作的相关知识和制作方法的资料后解答以下问题
   （1）普通的维也纳面包使用（　　）

   　　A. 一次发酵法　　B. 二次发酵法　　C. 中种法　　　D. 隔夜发酵法
   （2）维也纳面包一般需要卷紧，是为了获得（　　）

   　　A. 更好的颜色　　B. 薄的表皮　　　C. 良好的形态　　D. 适当的醒发程度
   （3）维也纳面包最重要的是发酵和整形，试着分析其原因。

2. 探究成果的展示分享

   请各小组结合本次课程的内容，把以下问题作为探究方向，通过搜集、总结、整理资料，进行探究并形成探究报告（可以综合整理资料也可以提供自己的认知和见解）。

   问题：从食品安全、生产安全层面看，该产品的制作流程中有哪些需要注意的地方？

▌教学过程

一、任务导入

　　某客户想要举办个人野餐派对，前来定制维也纳巧克力棒100件，要求制品大小一致，成品每个质量为50g左右，包装规格1件/盒，客户要求在1d内完成制作并交货，请你按客户要求完成任务。这批订单由几个班组合作完成，你的班组到达烘焙车间后，接到门店产品库发来的《班组任务单》，请你按时按量完成此次订单。

　　首先，请你接收《班组任务单》，做好生产前准备，根据生产流程和任务，填写《班组任务单》，申领所需的原料与工具。

班组任务单

编号：　　　　　　　　　　　　　　　　　　　　日期：

任务产品名称	维也纳巧克力棒			
任务数量				
任务说明				
任务下达人	门店产品库	班组负责人		
工具申领单	名称	数量	名称	数量
原料申领单	名称	数量	名称	数量
车间归还记录	车间卫生安全员确认签字		归还具体时间	

二、组内分工

岗位	姓名	工作记录
原辅料领用员		
工具领用员		
卫生管理员		
质量安全员		

三、生产实施

配图	操作方法	关键点
	（1）准备工作：准确称取原辅材料	—
	（2）将干性材料（除盐、黄油、巧克力豆外）和湿性材料一起放入搅拌机搅拌 具体过程记录：	根据室温和原辅材料起始温度选取水的温度或冰的比例，以抵消和面过程中的摩擦热量
	（3）搅拌至面团光滑有弹性，再加入盐、黄油，搅拌至面团充分拓展，能拉开形成薄膜即可 具体过程记录：	和面终点面温为26℃左右
	（4）面团中加入（耐烤）巧克力豆，用手揉均匀 具体过程记录：	选用耐烤的巧克力豆，这种巧克力豆是经过脱可可脂处理的巧克力豆，融化后流动性比较弱

配图	操作方法	关键点
	（5）以室温28℃，进行初醒发，发酵60min左右	初醒发终点为手指插入面团抽出后，孔洞几乎不收缩时
	具体过程记录：	
	（6）将面团分割成150g/个分别滚圆，冷藏松弛20min	冷藏松弛面团在3℃左右保存以降低松弛过程中的发酵程度，发酵比较活跃时，应先在速冻柜中迅速降低面团温度后，再移至冷藏柜中保存
	具体过程记录：	
	（7）按压面团排气	注意手法轻柔，排出面团中聚集的大气泡
	（8）再将面团卷成圆柱形，搓成长条	注意收口要严实
	具体过程记录：	
	（9）放入烤盘，以温度30℃，相对湿度70%，发酵40min	—
	具体过程记录：	

配图	操作方法	关键点
	（10）发酵好后，在表面斜着画开刀口	刀在用前蘸一下水，可有效避免粘连
	具体过程记录：	
	（11）放入烤箱，以上火210℃、下火200℃，烤20min即成	根据具体烤箱情况，可以微调烘烤温度与烘烤时间
	具体过程记录：	
	成品描述与分析：	

四、成本核算

根据实际情况，进行产品的成本核算。

序号	物料名称	品牌	规格/单位	单价/元	数量	小计/元	合计/元
1							
2							
3							
4							
5							
6							
7							
8							
9							
10							

续表

序号	物料名称	品牌	规格/单位	单价/元	数量	小计/元	合计/元
11							
12							
出品数		包装规格			包装单价		
包装成本		单份成本			出品率		

五、总结与反思

（1）什么是耐烤的巧克力？写出它的特点。

（2）维也纳巧克力棒如何通过巧妙的或简单的变化，成为多种产品？试着设计6款变化产品，并简单阐明创意。

六、评价考核

"维也纳巧克力棒制作"专业能力评价表

学生姓名：＿＿＿＿＿＿＿　　组别：＿＿＿＿＿＿＿　　日期：＿＿＿＿＿＿＿

评价环节	评价项目	评价内容	评价要素	0分	不及格	及格	良	优
课前评价（15%）	基础知识	自主学习	完成课前预习内容并回答相关问题（15分）	0	4	8	12	15
课中评价（70%）	面团搅拌	操作过程	1. 配料正确（3分） 2. 加料时机正确，根据需要选择正确的搅拌机转速（3分） 3. 出缸面团搅打程度合适，面温合适（4分） 4. 出缸动作利落熟练（4分） 5. 注意操作卫生与安全（6分）	0	5	10	15	20
	成形		1. 分割面团熟练准确（4分） 2. 面团滚圆均匀，松紧得当（4分） 3. 面团卷起松紧适度，封口严密整齐（4分） 4. 成品粗细、长短均一（4分） 5. 成品上刀口方向、深浅、长度整齐一致（4分）	0	5	10	15	20

续表

评价环节	评价项目	评价内容	评价要素	0分	不及格	及格	良	优
课中评价（70%）	醒发和烘烤	操作过程	1. 醒发箱设置正确（2分） 2. 醒发终点选择合适（2分） 3. 面团进出醒发箱操作迅速、流畅、轻柔（2分） 4. 注意操作卫生与安全（4分）	0	2	6	8	10
	产品呈现	产品展示	1. 产品表皮呈金黄色，有光泽（2分） 2. 产品外形整齐，大小均一（2分） 3. 产品表面刀口均匀，长度均一（2分） 4. 产品口感松软，风味浓郁（2分） 5. 产品码放整齐，台面清爽（2分）	0	2	6	8	10
	学习能力	探究归纳	1. 探究错误产生的原因（3分） 2. 能举一反三，具有知识迁移能力（3分） 3. 总结问题及重难点的解决办法（4分）	0	2	6	8	10
课后评价（15%）	巩固迁移能力	总结归纳	能够完成教师布置的作业（15分）	0	4	8	12	15
合计								
总分								

注：①总分＜60分为不及格；60≤总分＜75为及格；75≤总分＜85为良；总分≥85为优；

②每个评分项目里，如出现安全问题或不出品则为0分；

③本表与附录《职业素养考核评价表》配合使用。

七、关机清理实训场地

按照要求完成以下清单内容，自检确认后，完成《班组任务单》。

流程结束整理清单

序号	工序	确认	序号	工序	确认
1	和面机关闭并清理		6	剩余原料清点上缴	
2	醒发箱关闭并清理		7	借用工具清理上缴	
3	烤箱关闭并清理		8	烤盘清洗	
4	制冰机清理关机		9	台面清理	
5	产品清点包装上缴		10	椅子码放	

续表

序号	工序	确认	序号	工序	确认
11	多媒体关机及白板清理		15	各级电源检查	
12	场地清理		16	关灯	
13	水池清理及水龙头关闭		17	场地归还	
14	清扫工具码放				

（1）将多余原料归还原料库管清点签字。

（2）将借用工具归还工具库管清点签字，如有工具缺失则需登记，并与产品库管确认
后签字。

（3）将产品送交产品库管签字。

（4）完成场地清理，由车间卫生安全员检查签字。

📝 课后任务

1. 总结本任务产品制作流程，标注重难点。

2. 请总结酵母在发酵中需要的各种营养。

3. 面包发酵久了，就会产生酸味，其原因是什么？

任务4　意式蘑菇火腿面包制作

学习目标

课前	1. 能自主学习，搜集产品资料，完成课前学习任务，以组为单位接受任务、制订工作计划和完成任务的学习环节。 2. 能正确称量和选用意式蘑菇火腿面包的原辅材料，按照烘焙一体化教室安全操作守则，正确使用工具和设备。
课中	1. 熟悉欧式面包相关知识。 2. 能在老师的指导下，遵照安全、卫生标准，独立完成原料的混合，面团的制作、发酵、整形，会使用"包""压""卷""切"等手法，制作产品，提倡节约精神。 3. 能根据产品评价标准，查找自己的作品与标准作品的区别，并探究产生区别的原因，在反复探究和讨论中锻炼沟通能力、解决问题的能力和严谨认真的职业素养。
课后	通过课后练习，不断完善制作手法，提高作品的品质和一致性，培养精益求精的工匠精神。

建议学时

6学时

知识链接

　　意大利位于欧洲南部，绵长的海岸线阳光普照，也造就了意大利人热情、自由且充满艺术气质的乐观天性。意大利面包以小麦为主，有时还添加玉米粉。夏巴特面包（Ciabatta）是意大利的经典面包，是意大利艾米利亚-罗马涅大区的代表面包，因其外形很像意大利人平常所穿的拖鞋，而被称为Ciabatta（意为拖鞋）。它常用来做三明治，以薄而脆的外壳、多洞的组织、扁平的外形而出名，要面包中产生大洞，说难也不难，第一条件就是配方里水要在70%～80%，同时加入5%的橄榄油增加其风味。夏巴特非常软，发酵时间很长，传统做法要发酵一天。地道的夏巴特是由非常湿黏的面团制成，要有很好的揉捏技巧，由于发酵时间长，且面团中含有大量的液体，所以面包内的结构松散多洞，为了不把面团中珍贵的气泡压挤出来，必须小心对待发酵过后的面团，如同意大利人所形容的"就像对待婴儿"一般，如此可知其制作过程必是十分费时与费工了。而夏巴特在意大利是十分受欢迎的面包，意大利面包和意大利料理一样风行全球，意大利人习惯在吃夏巴特时来一些橄榄油，再搭配一杯啤酒，轻轻松松便能填饱肚子。

　　欧式面包共同的特色就是少糖，搭配下午茶的面包也标榜低糖，如奶油芝士面包、南瓜面包、葡萄司康、无花果全麦面包等的面团里几乎都不放糖，就靠奶油与酒渍无花果、南瓜泥等配料，增添些许风味。就连巧克力面包也只靠可可粉与一丁点巧克力提味，因此英式下午茶的面包糕点通常都会搭配果酱，与咖啡形成口味上的搭配。为防止面包干硬，应在吃之前才把面包切片。如果要使久存的面包口感更新鲜，就将它放进烤炉烘烤10min。

　　欧式面包的吃法很多，在外国，很多家庭中以面包作为一日三餐的主食。三明治、吐司、面包屑都来源于面包，有时做汤也用到它，如法国洋葱汤等。对多数人来说，面包是早餐的主要食品。非新鲜出炉的面包可制成面包干、面包屑，还可制成馅料和面包汤，刚出炉的面包反而不易消化。如果是传统方法制成的面包，最好等到第二天再食用。黑面包也是等放了一些时间再吃为好。

　　欧式面包大量采用谷物和果仁作为面团材料。谷物含有丰富的膳食纤维和矿物质，有助于提高新陈代谢，而果仁则有丰富的维生素，有益身体健康。欧式面包是欧洲人的主食（就像我们的米饭），一般更注重天然、低糖、营养、健康，原料皆来自各种天然的食材，如小麦、裸麦等传统农作物。

　　现代欧式面包常用到汤种（烫种），它是一种源自日本的面包制作技术，是将面粉加水拌匀后加热使其中淀粉发生糊化制作而成，淀粉糊化使面团吸水量增多，所制成的面包组织柔软，具有弹性，但是也因为水分较大，成品脱模后常出现塌腰现象。

📱 任务实施

▣ 课前准备

一、产品介绍

　　意大利的面包大部分都是用意大利产的小麦为原料的。据说意大利有多达3000种面包。在意大利各个角落几乎都能看到具有浓厚地方特色的面包，其种类之多一定会让你惊讶。

如果把意大利面包按照不同的口感进行分类，大致可分为软式面包和硬式面包两种，因为硬式面包在制作过程中多加了麦麸、裸麦、燕麦、玉米面粉等材料，所以做出的是健康的高纤面包，作为主食佐餐，风味极佳。而软式面包口感柔软而不腻，很适合在早餐中食用，比较有代表性的有蜂蜜面包、优格面包、玉米面包、牛乳卷等。

意式蘑菇火腿面包是软式面包，属于意式蔬菜面包的一种，在面包中加入蔬菜和肉类，富涵营养，口味丰富，是很受欢迎的产品，食用时蘸着地中海橄榄油，口味更加地道。

二、配方

1. 蘑菇酱

原料	质量
洋葱	20g
土豆泥	50g
培根丁	30g
蘑菇片	50g
青酱	10g
芝士粉	15g
沙拉酱	60g
培根	9片

2. 面团

原料	烘焙百分比	质量
高筋面粉	100%	500g
砂糖	6%	30g
盐	1.6%	8g
干酵母	1.2%	6g
牛乳	20%	100g
鸡蛋	12%	60g
烫种	10%	50g
水	36%	180g
黄油	12%	60g

注：可制成约 16 个产品。

三、课前思考

1. 阅读意式蘑菇火腿面包制作的相关知识和制作方法的资料后解答以下问题

（1）本任务的面包加入了烫种，烫种起源于（　　　）

    A. 法国　　　　　　　　　B. 日本

    C. 美国　　　　　　　　　D. 新加坡

（2）烫种的加入，使得面包增加了（　　　）和（　　　）

    A. 弹性　　　　　　　　　B. 韧性

    C. 厚重感　　　　　　　　D. 保湿性

（3）总结本任务中面包产品的发酵过程，指出每一步的完成点及过程中的工艺要求。

2. 探究成果的展示分享

　　请各小组结合本次课程的内容，把以下问题作为探究方向，通过搜集、总结、整理资料，进行探究并形成探究报告（可以综合整理资料也可以提供自己的认知和见解）。

　　问题：本任务中产品的成品出品要求有哪些？在其包装保存、运输、展示、售卖流程中，有哪些应该注意的地方？

▣ 教学过程

一、任务导入

　　某客户想要举办个人野餐派对，前来定制意式蘑菇火腿面包70件，要求制品大小一致，成品质量在80g左右，包装规格1件/盒，客户要求在1d内完成制作并交货，请你按客户要求完成任务。这批订单由几个班组合作完成，你的班组到达烘焙车间后，接到门店产品库发来的《班组任务单》，请你按时按量完成此次订单。

　　首先，请你接收《班组任务单》，做好生产前准备，根据生产流程和任务，填写《班组任务单》，申领所需的原料与工具。

班组任务单

编号：　　　　　　　　　　　　　　　　　日期：

任务产品名称	意式蘑菇火腿面包				
任务数量					
任务说明					
任务下达人	门店产品库		班组负责人		
工具申领单	名称	数量	名称	数量

续表

	名称	数量	名称	数量
原料申领单				
车间归还记录	车间卫生安全员 确认签字		归还具体时间	

二、组内分工

岗位	姓名	工作记录
原辅料领用员		
工具领用员		
卫生管理员		
质量安全员		

三、生产实施

配图	操作方法	关键点
	（1）准备工作：制作烫种，适量面包粉中加入等质量的开水，趁热搅拌均匀，晾凉后冷藏过夜备用	—
	（2）将干性材料和湿性材料（除黄油外）一起放入搅拌机搅拌至表面光滑，再加入黄油搅拌至面团能拉成膜即可	搅拌后面团温度应为26℃左右
	具体过程记录：	

配图	操作方法	关键点
	（3）以温室30℃，发酵40min	初醒发终点判断：手指插入面团再抽出后，孔洞几乎不收缩
	具体过程记录：	
	（4）将面团分割成60g/个，滚圆，松弛30min	滚圆手法要轻柔，面团要圆且不能太紧
	具体过程记录：	
	（5）将面团擀开	用力应该平均，不能猛压，用力方向应为从中间往上擀，或从中间往下擀，注意左右手的用力均一，避免左右薄厚不均
	具体过程记录：	
	（6）放入半片培根	放入培根或火腿薄片均可，肉片应略宽于面坯，卷起之前面片下沿要搓薄，方便封口
	具体过程记录：	
	（7）在将面团卷成圆柱形	面团应粗细均匀，松紧适度，封口要紧
	具体过程记录：	
	（8）从中间切开一半，不要切到底	—

配图	操作方法	关键点
	（9）朝两边翻开	—
	（10）以温度30℃，相对湿度80%，发酵40min	—
	（11）发酵好后，在表面刷上蛋液	刷蛋液手法要轻、厚度要薄、涂刷面要全
	具体过程记录：	
	（12）放上蘑菇酱（蘑菇酱制作：将蘑菇酱原材料切丁搅匀即可）	注意蘑菇酱量的控制，以免影响产品的一致性
	具体过程记录：	
	（13）放入烤箱，以上火200℃、下火190℃，烘烤15min即可	—
	具体过程记录：	

配图	操作方法	关键点
	成品描述与分析：	

四、成本核算

根据实际情况，进行产品的成本核算。

序号	物料名称	品牌	规格/单位	单价/元	数量	小计/元	合计/元
1							
2							
3							
4							
5							
6							
7							
8							
9							
10							
11							
12							
13							
14							
15							
16							
17							
18							
19							
20							
出品数		包装规格			包装单价		
包装成本		单份成本			出品率		

五、总结与反思

（1）在本任务的产品制作过程中，加入了烫种，请总结其制作方法，使用方法和作用。

（2）通过查阅资料，总结糖在面包面团中的作用。

（3）在面包保存过程中，影响淀粉老化的因素有哪些？

（4）火腿和蘑菇是很好的调理馅料搭配，想一想还有哪些搭配适合制作调理面包？试着说出6种，谈谈你的思路（口味、颜色、形态等方面都要考虑）。

六、评价考核

"意式蘑菇火腿面包制作"专业能力评价表

学生姓名：＿＿＿＿＿＿＿＿＿　　　组别：＿＿＿＿＿＿＿＿＿　　　日期：＿＿＿＿＿＿＿＿＿

评价环节	评价项目	评价内容	评价要素	0分	不及格	及格	良	优
课前评价（15%）	基础知识	自主学习	完成课前预习内容并回答相关问题（15分）	0	4	8	12	15
课中评价（70%）	面团搅拌	操作过程	1. 配料正确（3分） 2. 加料时机正确，根据需要选择正确的搅拌机转速（3分） 3. 出缸面团搅打程度合适，面温合适（4分） 4. 出缸动作利落熟练（4分） 5. 注意操作卫生与安全（6分）	0	5	10	15	20
	成形		1. 分割面团熟练准确（2分） 2. 面团滚圆均匀，松紧得当（4分） 3. 面包卷起松紧适度，封口严密整齐（4分） 4. 面团无开口，成品大小均一（4分） 5. 酱料挤注整齐，用量均一，无外溢（4分） 6. 注意操作卫生与安全（2分）	0	5	10	15	20
	醒发和烘烤		1. 醒发箱设置正确（2分） 2. 醒发终点选择合适（2分） 3. 面团进出醒发箱操作迅速、流畅、轻柔（2分） 4. 注意操作卫生与安全（4分）	0	2	6	8	10
	产品呈现	产品展示	1. 产品表皮呈棕红色，有光泽（2分） 2. 产品外形整齐，大小均一（2分） 3. 产品口感浓郁醇香、风味明显（2分） 4. 产品醒发烘烤适当，面坯松软（2分） 5. 产品码放干净、整齐（2分）	0	2	6	8	10
	学习能力	探究归纳	1. 探究错误产生的原因（3分） 2. 能举一反三，具有知识迁移能力（3分） 3. 总结问题及重难点的解决办法（4分）	0	2	6	8	10

续表

评价环节	评价项目	评价内容	评价要素	0分	不及格	及格	良	优
课后评价（15%）	巩固迁移能力	总结归纳	能够完成教师布置的作业（15分）	0	4	8	12	15
合计								
总分								

注：①总分＜60分为不及格；60≤总分＜75为及格；75≤总分＜85为良；总分≥85为优；

　　②每个评分项目里，如出现安全问题或不出品则为0分；

　　③本表与附录《职业素养考核评价表》配合使用。

七、关机清理实训场地

按照要求完成以下清单内容，自检确认后，完成《班组任务单》。

流程结束整理清单

序号	工序	确认	序号	工序	确认
1	和面机关闭并清理		10	椅子码放	
2	醒发箱关闭并清理		11	多媒体关机及白板清理	
3	烤箱关闭并清理		12	场地清理	
4	制冰机清理关机		13	水池清理及水龙头关闭	
5	产品清点包装上缴		14	清扫工具码放	
6	剩余原料清点上缴		15	各级电源检查	
7	借用工具清理上缴		16	关灯	
8	烤盘清洗		17	场地归还	
9	台面清理				

（1）将多余原料归还原料库管清点签字。

（2）将借用工具归还工具库管清点签字，如有工具缺失则需登记，并与产品库管确认后签字。

（3）将产品送交产品库管签字。

（4）完成场地清理，由车间卫生安全员检查签字。

📝 课后任务

1. 总结本任务产品制作流程，标注重难点。

2. 面团发酵时，不但需要保持一定的发酵温度，还要保持一定的相对湿度，本任务中产品最佳的发酵温度和相对湿度是什么？相对湿度计算的依据是什么？

3. 总结本任务操作中的不足之处，试提出可行的整改意见。

任务 5　牛乳哈斯制作

学习目标

课前	1. 能自主学习，搜集产品资料，完成课前学习任务，以组为单位接受任务、制订工作计划和完成任务的学习环节。 2. 通过课前预习，了解甜面包的产品特点，掌握牛乳哈斯面包的制作方法，培养自主获取知识和处理信息的能力。
课中	1. 能根据产品评价标准，查找自己的作品与标准作品的区别，并探究出现区别的原因，在反复探究和讨论中锻炼沟通能力、解决问题的能力和严谨认真的职业素养。 2. 能根据教师演示，总结制作产品的步骤中的问题和易错点。 3. 能根据评分标准对自己和他人的作品进行合理评价。 4. 能严格遵守烘焙车间现场7S管理规范。 5. 在完成任务的过程中，养成"敬业""诚信"等社会主义核心价值观，增强节约环保等意识。
课后	1. 通过课后练习，不断完善制作手法，提高作品的品质和一致性，培养精益求精的工匠精神。 2. 能搜集优秀作品资料，通过学习和借鉴，提升自我的创新能力。

建议学时

6学时

知识链接

一、糖的甜度

以蔗糖的甜度为100，则果糖糖浆甜度为173，55%果糖糖浆甜度为100，葡萄糖糖浆甜度为64，蜂蜜甜度为97，麦芽糖甜度为46，乳糖甜度为30，枫糖糖浆甜度为64。

二、水解作用

双糖或多糖在酸或酶的作用下，分解成单糖或分子量较小的糖。面团内的砂糖在搅拌几分钟后，即在酵母分泌的转化酶作用下，部分分解转化为葡萄糖及果糖。一般酵母内不含有乳糖酶，无法将乳糖水解成葡萄糖或以乳糖作为其营养物质，故烘焙过程中酵母所能利用的糖只是葡萄糖、果糖、砂糖、麦芽糖。

三、吸湿性

所谓吸湿性，是指物体吸收或保持水分的能力。糖是具有较大吸湿性的物质。糖的这种吸湿性对面包的质量有很大影响，可以帮助增加面包的保鲜期。

四、焦糖化反应

焦糖化反应，是指糖类在加热到熔点以上时，分子与分子之间互相结合成多分子的聚合性，并焦糖化产成褐色的色素物质。

焦糖化反应是使面包表皮呈现烘焙颜色的一个重要因素。把焦糖化控制在一定的程度内，可以使烘焙产品产生令人愉悦的色泽与风味。

不同的糖对温度的敏感性不一样，果糖、麦芽糖、葡萄糖对温度非常敏感，易形成焦糖，而蔗糖、乳糖的热敏感性则较低。同时，糖溶液的pH低，糖的热敏感性就低；pH升高则热敏感性增强，如pH8时其焦糖化反应速度比pH5.9时快10倍。

面包生产时所加的糖多为蔗糖，其本身对温度的敏感性较低，呈色度不深。但由于酵母分泌的转化酶作用及面团的pH较低，故蔗糖易被水解成葡萄糖或果糖，从而提高焦糖化反应的程度，使面包上色。

五、美拉德反应

美拉德反应，是指氨基化合物的游离氨基与羰基化合物发生的复杂反应。

美拉德反应由法国化学家路易斯·卡米拉·美拉德（Louis Camille Maillard）于1912年发现，1953年John Hodge等人将这个反应正式命名为美拉德反应。

美拉德反应是使面包表皮上色的一个重要因素，也是面包产生特殊色、香、味的重要过程。

面团被烘烤时，其中的氨基酸或肽与还原糖在适宜的条件下发生一系列美拉德反应。食品体系的美拉德反应极其复杂，在反应中，除产生色素物质外，还产生一些挥发性物质，包括还原酮、醛和杂环化合物等，这些物质为面包提供了宜人可口的风味和诱人的色泽，形成面包产品本身所特有的烘焙香味。

影响美拉德反应的因素有：温度、底物、反应时间、pH等。

美拉德反应分为初期，中期，末期三个阶段，着色过程也分几个阶段，颜色变化为无色，黄色，褐色。

美拉德反应是在比焦糖化反应更低的温度中开始进行的。在150℃上下开始美德拉反应，在190℃上下焦糖化反应开始进行。所以美拉德反应不受焦糖化反应的影响，对面包的着色和风味有很大的作用。

美拉德反应对食品的影响主要有以下几项。

（1）产生香气和色泽　美拉德反应能产生人们所需要或不需要的香气和色泽，例如令人愉悦的面包香等，而在板栗、鱿鱼等食品生产贮藏过程中和制糖过程中，就需要抑制美拉德反应。

（2）营养价值降低　美拉德反应发生后，氨基酸与还原糖结合造成了营养成分的损失，其产物不易被酶利用。

（3）产生抗氧化性　众多的研究资料表明，美拉德反应的产物具有抗氧化性。但是其抗氧化能力受多重因素的影响，如美拉德反应的底物、反应的温度、反应时间、pH等。

（4）具有抗突变作用　一些研究资料还表明，美拉德反应的产物具有抗突变作用。有学者针对焙烤可可豆的美拉德反应产物进行了研究，结果表明其确有抗菌、清除自由基及抗突变的作用。

任务实施

课前准备

一、产品介绍

哈斯面包是经典的法式面包，具有独特的梭子形外形和纵向用刀方法，此款面包不加水，全部使用牛乳，所以又称牛乳哈斯，奶香味浓郁，因加入30%的低筋面粉，面包的韧性较弱，口感比较柔软。

二、配方

原料		烘焙百分比	质量	原料	烘焙百分比	质量
面粉	高筋面粉	70%	700g	鲜酵母	2%	20g
	低筋面粉	30%	300g	蛋黄	5%	50g
盐		1.5%	15g	牛乳	65%	650g
砂糖		7%	70g	黄油	8%	80g

注: 可制成约 18 个产品。

三、课前思考

1. 阅读牛乳哈斯制作的相关知识和制作方法的资料后解答以下问题

（1）鲜酵母又称压榨鲜酵母，拥有较强的生物活性，其用量为干酵母的（　　）倍

    A. 1~2　　　　　　　　　B. 2~3

    C. 3~4　　　　　　　　　D. 4~5

（2）鲜酵母拥有较强的活性，用量却比干酵母更大，其原因是（　　）

    A. 发酵慢　　　　　　　　B. 产气少

    C. 含水量大　　　　　　　D. 菌种不纯

（3）请分析在面团搅拌中，用牛乳替换水，最终产品的品质会有哪些不同。

2. 探究成果的展示分享

    请各小组结合本任务的内容，把以下问题作为探究方向，通过搜集、总结、整理资料，进行探究并形成探究报告（可以综合整理资料也可以提供自己的认知和见解）。

    问题：成本节约是生产运输销售环节中的重要问题，从生产到销售的过程中，如何在确保产品品质的同时，有效节约生产、流通、销售的成本？

■ **教学过程**

一、任务导入

    某饭店举行冷餐聚会，定制牛乳哈斯100件，要求手工制作，制品大小一致，成品单件质量在80g左右，包装规格1件/盒，客户要求在1d内完成制作并交货，请你按客户要求完成任务。这批订单由几个班组合作完成，你的班组到达烘焙车间后，接到门店产品库发来的

《班组任务单》，请你按时按量完成此次订单。

首先，请你接收《班组任务单》，做好生产前准备，根据生产流程和任务，填写《班组任务单》，申领所需的原料与工具。

班组任务单

编号：　　　　　　　　　　　　　　　　　　　日期：

任务产品名称	牛乳哈斯			
任务数量				
任务说明				
任务下达人	门店产品库		班组负责人	
工具申领单	名称	数量	名称	数量
原料申领单	名称	数量	名称	数量
车间归还记录	车间卫生安全员确认签字		归还具体时间	

二、组内分工

岗位	姓名	工作记录
原辅料领用员		
工具领用员		
卫生管理员		
质量安全员		

三、生产实施

配图	操作方法	关键点
	（1）将高筋面粉和低筋面粉在桌上围城粉墙	—
	（2）将除奶油外的其他材料混合放入粉墙中	可留下少许牛乳备用，以调整面团的水分
	（3）用手将粉墙与中央的液体慢慢混合	由内向外逐渐混合
	（4）揉成面团后，再加入剩余的水	—
	（5）搓揉至面团内的材料完全混匀，醒面10min，盖膜防止其干燥	—
	（6）继续揉和均匀，但此时面团仍缺乏弹性，拉起时容易破，醒面10min，盖膜防止其干燥	注意水量，面团的硬度会随着搓揉而有所变化，应该提前有用量的认知

配图	操作方法	关键点
	（7）面团揉和至基本拓展时，即可加入奶油拌和揉制，醒面10min，盖塑料膜防止干燥	—
	（8）揉和至面团延展性变佳，面团拉开时会形成薄膜，面团表面光滑，即揉制完成	不断重复，直至面筋充分形成
	具体过程记录：	
	（9）面团揉制好后以室温（28℃）发酵90min，进行基本发酵	一次翻面步骤
	具体过程记录：	
	（10）将发酵过的面团置于面台上，轻轻将气拍掉，左右各向中央折入1/3	二次翻面步骤
	具体过程记录：	
	（11）接着再从各处向中央折入1/3	—
	（12）将光滑面朝上放置，再次发酵30min	—

配图	操作方法	关键点
	（13）将面团分割成100g/个	—
	（14）滚圆后进行中间发酵30min	—
	（15）将面团上下1/3的部分对折，压出空气	—
	（16）搓成橄榄形	—
	（17）用手压平	—
	（18）用擀面杖把空气压挤掉并将并将面团压长	—

配图	操作方法	关键点
	（19）由内往外卷起	—
	（20）再将结合处捏紧	—
	（21）双手来回滚动，将面团整形成圆柱状，最后发酵1h	—
	具体过程记录：	
	（22）用刀直画5刀	下刀轻、走刀快，画2~3mm深即可，刀片可蘸水防止粘黏
	具体过程记录：	
	（23）放入烤箱，喷蒸汽，以上火210℃、下火150℃，烤约25min即可	—
	具体过程记录：	
	成品描述与分析：	

四、成本核算

根据实际情况，进行产品的成本核算。

序号	物料名称	品牌	规格/单位	单价/元	数量	小计/元	合计/元
1							
2							
3							
4							
5							
6							
7							
8							
9							
10							
出品数		包装规格		包装单价			
包装成本		单份成本		出品率			

五、总结与反思

（1）说明本任务中手工和面的过程和产品特点。

（2）在本任务的产品的制作过程中，有几个折叠面团的步骤，请阐明它的目的。

（3）在本任务的产品生产中，有哪些容易出现危险事故的流程？试着总结一下。你作为一个管理者，如何来避免这些危险事故？

六、评价考核

"牛乳哈斯制作"专业能力评价表

学生姓名：_____   组别：_____   日期：_____

评价环节	评价项目	评价内容	评价要素	0分	不及格	及格	良	优
课前评价（15%）	基础知识	自主学习	完成课前预习内容并回答相关问题（15分）	0	4	8	12	15

续表

评价环节	评价项目	评价内容	评价要素	0分	不及格	及格	良	优
课中评价（70%）	面团搅拌	操作过程	1. 配料正确（3分） 2. 加料时机正确，根据需要选择正确的搅拌机转速（3分） 3. 出缸面团搅打程度合适，面温合适（4分） 4. 出缸动作利落熟练（4分） 5. 注意操作卫生与安全（6分）	0	5	10	15	20
	成形		1. 分割面团熟练准确（4分） 2. 面团滚圆均匀，松紧得当（4分） 3. 面团卷起松紧适度，封口严密整齐（4分） 4. 成品粗细、长短均一（4分） 5. 刀口方向、深浅、长度整齐一致（4分）	0	5	10	15	20
	醒发和烘烤		1. 醒发箱设置正确（2分） 2. 面团醒发终点选择合适（2分） 3. 面团进出醒发箱操作迅速、流畅、轻柔（2分） 4. 注意操作卫生与安全（4分）	0	2	6	8	10
	产品呈现	产品展示	1. 产品表皮呈棕红色，有光泽（2分） 2. 产品外形整齐，大小均一（2分） 3. 产品表面颜色均匀（2分） 4. 产品风味明显（2分） 5. 产品码放整齐，台面清爽（2分）	0	2	6	8	10
	学习能力	探究归纳	1. 探究错误产生的原因（3分） 2. 能举一反三，具有知识迁移能力（3分） 3. 总结问题及重难点的解决办法（4分）	0	2	6	8	10
课后评价（15%）	巩固迁移能力	总结归纳	能够完成教师布置的作业（15分）	0	4	8	12	15
合计								
总分								

注：①总分＜60分为不及格；60≤总分＜75为及格；75≤总分＜85为良；总分≥85为优；

②每个评分项目里，如出现安全问题或不出品则为0分；

③本表与附录《职业素养考核评价表》配合使用。

七、关机清理实训场地

按照要求完成以下清单内容，自检确认后，完成《班组任务单》。

流程结束整理清单

序号	工序	确认	序号	工序	确认
1	醒发箱关闭并清理		9	多媒体关机及白板清理	
2	烤箱关闭并清理		10	场地清理	
3	产品清点包装上缴		11	水池清理及水龙头关闭	
4	剩余原料清点上缴		12	清扫工具码放	
5	借用工具清理上缴		13	各级电源检查	
6	烤盘清洗		14	关灯	
7	台面清理		15	场地归还	
8	椅子码放				

（1）将多余原料归还原料库管清点签字。

（2）将借用工具归还工具库管清点签字，如有工具缺失则需登记，并与产品库管确认后签字。

（3）将产品送交产品库管签字。

（4）完成场地清理，由车间卫生安全员检查签字。

📝 课后任务

1. 总结本任务产品制作流程，标注重难点。

2. 根据教师对你的产品以及制作过程的评价，总结不足，找出原因。

3. 蔗糖是一种易吸收的营养物质，分析一下蔗糖加入量对面团发酵的影响及其原因。

任务 6　摩卡卷制作

学习目标

| 课前 | 1. 能正确称量和选用摩卡卷的原辅材料，按照烘焙一体化教室安全操作守则，正确使用工具和设备。 |
| | 2. 通过课前预习，了解甜面包的产品特点，掌握产品的制作方法，培养自主获取知识和处理信息的能力。 |

课中
1. 熟悉糖在面包生产中的作用。
2. 能在老师的指导下，遵照安全、卫生标准，通过练习，进一步掌握手工和面、醒面、翻面等手工面包的特色工艺。
3. 能独立完成奶油咖啡馅的制作和蛋白霜的制作。
4. 独立完成原料的混合，面团的制作、发酵、整形，会使用"包""擀"等手法，完成和面、醒发、成形、烘烤装饰等步骤，完成摩卡卷产品，注意产品外形、规格、口味的标准化、一致性，提倡节约，树立精益求精的工匠精神。

课后
1. 通过课后练习，不断完善制作手法，进一步提高作品的品质和一致性，培养精益求精的工匠精神。
2. 能搜集优秀作品资料，通过学习和借鉴，提升自我的创新能力。

建议学时

6学时

知识链接

一、糖在面包生产中的作用

（1）糖是酵母发酵的主要能源来源。

（2）糖是甜味剂且有营养价值。

（3）糖能增加面包的色泽及香味。

（4）糖能增加面包柔软度，延长面包保鲜期。

（5）糖能改变蛋白质结构，使得面包内部的气孔不被黏腻的网状结构堵住，增加了面包内部的空气感，将面包的口感变得松软不黏腻。

二、糖对面包生产及成品的影响

1. 面包吸水量及搅拌时间

正常用量的糖，对面包吸水量影响不大。高糖量配方（糖量在20%～25%）的面团，若加水量或搅拌时间掌握不好，则面团搅拌不足，面筋未得到充分扩展，所得的产品体积小，面包内部组织干燥、粗糙。其原因是糖在面团内溶解需要水，面筋的吸水膨胀、扩展也需要水，形成糖与面筋之间争夺水分的现象，糖量越多，面筋所能吸收的水分越少，因而延迟了面筋的形成，阻碍面筋的扩展，故必须增加搅拌时间使面筋得到充分扩展。这里糖的形态，与搅拌时间无关。

一般高糖配方的面团充分扩展的时间比普通糖量的面团多50%左右，故制作高糖配方面包，用高速搅拌机较合适。

2. 面包表皮颜色

加糖量越大面包烤制时上色越快。

3. 面包风味

剩余糖对面包产品的影响有风味和香味等方面。剩余糖在面包烘焙时易凝结并可密封面包表皮，使面包内部发酵作用产生的挥发性物质不至于过量蒸发散失，从而增加面包特有的烘焙风味。剩余糖多，则面包香气浓厚，可促进食欲。

4. 柔软性

糖可以使面包内保存更多的水分，使面包柔软。而加糖量较少的面包，为要达到同样的颜色，便要增加烘焙时间，这样水分蒸发得多，会使面包干硬。

🔲 任务实施

▪ 课前准备

一、产品介绍

摩卡卷属于软面包的一种，膨松柔软，用料丰富，在享用前，其浓郁的咖啡香味就会弥散在你周围，入门后，更是唇齿留香、美妙无比。本任务的产品采用手工和面的工艺，会产生独特的风味。

二、配方

1. 基础面团的材料

原料	质量	原料	质量
高筋面粉	250g	蛋	50g
砂糖	30g	新鲜酵母	8g
盐	4g	水	140mL
脱脂乳粉	13g	奶油	50g
速溶咖啡粉	3g	蛋液（装饰用）	适量

注：可制成约 8 个产品。

2. 咖啡奶油馅的材料

原料	质量	原料	质量
奶油	40g	杏仁粉	38g
砂糖	40g	速溶咖啡粉	2g
蛋	40g		

3. 蛋白霜的材料

原料	质量	原料	质量
翻糖（Fondant）	300g	糖浆（$m_水 : m_{砂糖}=1 : 1$）	适量
速溶咖啡粉	适量		

三、课前思考

1. 阅读摩卡卷制作的相关知识和制作方法的资料后解答以下问题
   （1）蛋白霜是西点常用的装饰酱料，本任务只给出了其配方，请通过网络查询写出其生产过程。
   （2）回顾面包发酵的经典过程并进行简单叙述。

（3）本任务的原材料包括速溶咖啡，这是制作面包常用的原材料之一。请简述速溶咖啡粉的生产过程，并阐述相对于现磨咖啡，其有什么缺陷？

2. 探究成果的展示分享

请各小组结合本任务的内容，把以下问题作为探究方向，通过搜集、总结、整理资料，进行探究，形成探究报告（可以综合整理资料也可以提供自己的认知和见解）。

问题：成本节约是生产运输销售环节中的重要问题，请进一步探究从生产到销售过程中，如何在确保产品品质的同时，有效节约生产、流通、销售的成本？

● 教学过程

一、任务导入

某客户想要举办个人野餐派对，前来定制摩卡卷100件，要求制品大小一致，成品单件质量为100g左右，包装规格1件/盒，客户要求在1d内完成制作并交货，请你按客户要求完成任务。这批订单由几个班组合作完成，你的班组到达烘焙车间后，接到门店产品库发来的《班组任务单》，请你按时按量完成此次订单。

首先，请你接收《班组任务单》，做好生产前准备，根据生产流程和任务，填写《班组任务单》，申领所需的原料与工具。

班组任务单

编号：　　　　　　　　　　　　　　　　　　　日期：

任务产品名称	摩卡卷			
任务数量				
任务说明				
任务下达人	门店产品库	班组负责人		
工具申领单	名称	数量	名称	数量

续表

	名称	数量	名称	数量
原料申领单				
车间归还记录	车间卫生安全员确认签字		归还具体时间	

二、组内分工

岗位	姓名	工作记录
原辅料领用员		
工具领用员		
卫生管理员		
质量安全员		

三、生产实施

1. 咖啡奶油馅的做法

配图	操作方法	关键点
	（1）将恢复成常温的奶油放进搅拌盆里，再加入砂糖，用搅拌器混合	—
	（2）将蛋一点点地加入搅拌盆里混合	如果一次全加入，就会产生油水分离现象

配图	操作方法	关键点
	（3）将杏仁粉加入搅拌盆里混合	—
	具体过程记录：	
	（4）将咖啡粉加入搅拌盆里混合	—
	（5）搅拌至均匀无颗粒，密封冷藏备用	—
	具体过程记录：	

2. 产品制作流程

配图	操作方法	关键点
	（1）将高筋面粉、砂糖、盐、脱脂乳粉放进搅拌盆里，再加入速溶咖啡粉	—
	（2）将新鲜酵母用水溶解后，与蛋混合，再加入搅拌盆里，用手指混合到没有多余的水分为止	—

配图	操作方法	关键点
	（3）混合好后，移到工作台上用刮板仔细地刮下粘在手上和搅拌盆里的面屑，与面团整合在一起	—
	（4）用手上下滑动，交替地推压面团	等到面团整体硬度变得均匀后，用刮板将粘在工作台上的面屑刮下，与面团整合
具体过程记录：		
	（5）揉和摔打面团	由于此时的面团非常柔软，必须持续揉和约15min
	（6）面团变光滑后加入软化的奶油	若可以拉开形成薄薄的一层，就将面团压平，把奶油放上，用四边包裹起来
具体过程记录：		
	（7）用手拉扯般上下滑动交替地将面团拉开来，等到面团变成均匀的硬度时，就用刮板整合成团	—
	（8）再次揉和约15min	虽然面团很柔软，容易粘在工作台上，但切勿因此撒上手粉等粉类
具体过程记录：		

配图	操作方法	关键点
	（9）待揉和到面团变得光滑，若能撑开成如配图所示的薄膜，即可进入下一步骤	—
具体过程记录：		
	（10）先在搅拌盆内涂抹上油脂，再将面团放进去，用保鲜膜覆盖，放在温度为28~30℃的地方，发酵约60min	—
	（11）将面团取出，放在撒了手粉的工作台上，用手将面团压平，然后将面团从四边折起1/3，做成四方形	—
	（12）将收口处朝下，用塑胶袋覆盖，进行中间醒发	—
具体过程记录：		
	（13）在工作台上撒上手粉，将面团制成30cm×40cm的大小	—
	（14）用刮板或抹刀将已事先做好的咖啡奶油馅，厚度均匀地涂抹上去	下沿不抹馅料并按薄，方便封口
具体过程记录：		

配图	操作方法	关键点
	（15）从上端开始一点点地卷起，因为面皮很柔软，所以卷的时候要慢慢地卷，不要一下子就卷完	边拉边卷，要有一定的紧度
	（16）分割面卷，每段100g	—
	具体过程记录：	
	（17）在切开的面团上，纵向地切出刀口，小心不要完全切断	—
	（18）准备好容器，将面团慢慢地拿起，切口朝上，斜放进去，整理成像2个圆圈稍微错开地相叠在一起的形状	放置时在四周和中间预留下醒发空间
	具体过程记录：	
	（19）排列在烤盘上，完成最后发酵，在涂抹蛋液后以220℃左右，烤12min，冷却后，将混合了速溶咖啡粉的蛋白霜挤到摩卡卷表面	完全冷却后再行装饰
	具体过程记录：	

配图	操作方法	关键点
	成品描述与分析：	

四、成本核算

根据实际情况，进行产品的成本核算。

序号	物料名称	品牌	规格/单位	单价/元	数量	小计/元	合计/元
1							
2							
3							
4							
5							
6							
7							
8							
9							
10							
出品数		包装规格		包装单价			
包装成本		单份成本		出品率			

五、总结与反思

（1）品尝了本任务的产品后，分析手工和面工艺相对于机器和面对面包产品的影响。

（2）一般面包内部都会含有大量水分，如何才能做出水分充足的面包？

（3）在欧洲，面包产品分为面包（Bread）和卷（Roll），在中文中分类并不明显，本任务的产品属于卷（Roll），通过查阅资料说明二者的不同。

（4）在车间生产过程中，有许多规章制度，请举例说明其具体内容？

六、评价考核

"摩卡卷制作"专业能力评价表

学生姓名：_____ 组别：_____ 日期：_____

评价环节	评价项目	评价内容	评价要素	0分	不及格	及格	良	优
课前评价（15%）	基础知识	自主学习	完成课前预习内容并回答相关问题（15分）	0	4	8	12	15
课中评价（70%）	面团搅拌	操作过程	1. 配料正确（3分） 2. 加料时机正确，根据需要选择正确的搅拌机转速（3分） 3. 出缸面团搅打程度合适，面温合适（4分） 4. 出缸动作利落熟练（4分） 5. 注意操作卫生与安全（6分）	0	5	10	15	20
	成形		1. 分割面团熟练准确（4分） 2. 面团滚圆均匀，松紧得当（4分） 3. 面团卷起松紧适度，封口严密整齐（4分） 4. 面团形状整齐、形态均一（4分） 5. 装饰料裱挤美观且一致（4分）	0	5	10	15	20
	醒发和烘烤		1. 各步醒发操作得当（2分） 2. 最终醒发终点选择合适（2分） 3. 操作迅速、流畅、轻柔（2分） 4. 烘烤达到预期效果（2分） 5. 注意操作卫生与安全（2分）	0	2	6	8	10
	产品呈现	产品展示	1. 产品表皮呈棕红色，有光泽（2分） 2. 产品外形整齐，大小均一（2分） 3. 产品表面颜色均匀，颜色均匀（2分） 4. 产品口感松软，风味浓郁（2分） 5. 产品码放整齐，台面清爽（2分）	0	2	6	8	10
	学习能力	探究归纳	1. 探究错误产生的原因（3分） 2. 能举一反三，具有知识迁移能力（3分） 3. 总结问题及重难点的解决办法（4分）	0	2	6	8	10
课后评价（15%）	巩固迁移能力	总结归纳	能够完成教师布置的作业（15分）	0	4	8	12	15
合计								
总分								

注：①总分＜60分为不及格；60≤总分＜75为及格；75≤总分＜85为良；总分≥85为优；

②每个评分项目里，如出现安全问题或不出品则为0分；

③本表与附录《职业素养考核评价表》配合使用。

七、关机清理实训场地

按照要求完成以下清单内容，自检确认后，完成《班组任务单》。

流程结束整理清单

序号	工序	确认	序号	工序	确认
1	醒发箱关闭并清理		9	椅子码放	
2	烤箱关闭并清理		10	多媒体关机及白板清理	
3	制冰机清理关机		11	场地清理	
4	产品清点包装上缴		12	水池清理及水龙头关闭	
5	剩余原料清点上缴		13	清扫工具码放	
6	借用工具清理上缴		14	各级电源检查	
7	烤盘清洗		15	关灯	
8	台面清理		16	场地归还	

（1）将多余原料归还原料库管清点签字。

（2）将借用工具归还工具库管清点签字，如有工具缺失则需登记，并与产品库管确认后签字。

（3）将产品送交产品库管签字。

（4）完成场地清理，由车间卫生安全员检查签字。

📝 课后任务

1. 总结本任务的产品的制作流程，注意标注重难点。

2. 本任务的产品发酵分为三步，中间醒发是其中很重要的一步，请写出其发酵条件与作用。

3. 根据老师对你制作的产品以及制作过程的评价，总结不足，找出原因。

项目三　法式面包

任务1　乡村拐杖面包制作

学习目标

课前

1. 能自主学习了解乡村拐杖面包的历史渊源，通过搜集各类资料，学习相关知识，以组为单位接受任务、制订工作计划和完成任务的学习环节。
2. 能正确称量和选用乡村拐杖面包的原辅材料，按照烘焙一体化教室安全操作守则，正确使用工具和设备。

课中

1. 熟悉翻面的工艺。
2. 能在老师的指导下，遵照安全、卫生标准，独立完成法式面包面团的搅拌、醒发、整形、装饰及烘烤步骤，完成产品制作，注意产品外形、规格、口味的标准化、一致性，提倡节约，养成精益求精的工匠精神。
3. 能严格遵守烘焙车间现场7S管理规范。
4. 在完成任务的过程中，养成"敬业""诚信"等社会主义核心价值观，增强节约、环保等意识。

课后

1. 通过课后练习，不断完善制作手法，进一步提高作品的品质和一致性，培养精益求精的工匠精神。
2. 能搜集优秀作品资料，通过学习和借鉴，提升自我的创新能力。

建议学时

6学时

🔖 知识链接

面包也是有生命的，酵母是传统法式面包（Baguette）生命的原动力，发酵的时间足够，烘焙出来的面包才会拥有经典的味道。法式面包比德式面包更膨松轻柔，蜂窝气孔更大，更香软好嚼，面包表皮更薄更脆（图3-1）。法式面包多用于配餐，因此味道偏淡，蘸食法式料理中的精炖的肉汁，却是恰到好

图3-1　法式面包

处。法式面包最基本的材料就是面粉、水、酵母和盐，这种完全不添加油脂的硬式面包，正是法国最具代表的面包类型。它是最能充分发挥出小麦的特性及原味的理想面包，可做三明治或将面包切片、直接蘸或涂抹不同风味的蘸酱。

美好的风土带给法兰西人民潇洒的面容身姿，法国的面包也是多姿多彩。最能代表法式面包的当属法棍了。法棍用的是100%的小麦，趁它"年轻"的时候，最为好吃，外脆里嫩，还有淡淡的香甜味，完全不同于硬朗的德式面包，但其保持新鲜的时间只有4~5h。最常见的"法式长棍"，被法国人称为"面包之王"，把它从中间切开，放上沙拉、鸡蛋、乳酪，还有切成片的西红柿、橄榄，再加上鸡肉、火腿等做成不同口味的三明治，是法国常见的食用方法。法式长棍的用料只有面粉、酵母、盐和水，看似简单，要做得恰到好处却很难。只有用上好的冷冻面团，再配合面包师的高超手艺，才有外酥内软的法式长棍出炉。法式长棍也分两种，细的是Baguette，粗的是Pain，都是法国人常说的"面包"，而像牛角面包那一类的，法语称Viennoiserie，翻译过来是"维也纳甜面包或甜点"，源于维尔纳，在法国发扬光大，多作为早餐，或者作为下午茶的点心。

本任务的产品属于法式面包，法式面包采用无糖无油面团，面团一般较软，使用比较少的酵母，发酵时间较长。在法式面包的发酵过程中，经常用到翻面这道工序。将搅拌完毕，已经发酵膨胀的面团，从发酵容器中取出来（一种翻面的做法），压平整后折三折或者四折再放回到原来的容器中进行发酵，这个步骤称"排气"。

"翻面"（图3-2）这道工序常常被用于制作硬面包和一些需要长时间发酵的面包。酵母、氧化剂用量大或发酵时间在60min以内的面团不适宜翻面。因此许多适合家庭制作的配方中是没有翻面这个工序的。

那为什么要把酵母菌好不容易发酵产生的气体从面团中排出去，把膨大的面团拍小呢？不排气直接发酵的面团和经过翻面的面团有什么样的差别呢？

硬面包和长时间发酵的面团特别需要翻面。这

图3-2　翻面

是因为，低糖低油甚至无糖无油的面团膨胀力较差，为了弥补这个缺点，需要用翻面来增加面团的伸展力和弹性。面团的周围部分和中间部分的发酵状态和温度，会存在细微的差别，而通过翻面可以消除这种差别。而且翻面可使新的空气进入面团，促进了酵母菌的活性。

翻面这个动作使一些气泡被一分为二，气泡数量增加，同时伴随着一些新的化学反应，产生更多的美味成分，最终得到的成品自然更加可口。为了方便理解，将翻面最显著的四个作用总结如下。

1. 排出大气泡

面团当中包裹了空气或者二氧化碳的大气泡时，在经过翻面这个步骤后，可以在一定程度上被去除，使最后制作出来的面包产品的内部质地细腻均匀。

2. 促进面筋扩张，增加弹力

通过拍、压面团，直接刺激面筋组织，增强面筋的拉伸强度（面团拉成膜的张力），最终使面团的膨胀力更好，体积更大。

3. 冲入新鲜空气，促进发酵

翻面可以放出前半段发酵产生的废气（二氧化碳等），使空气中的氧气进入面团，增加酵母活性，最终促进发酵，增大成品体积。

4. 使面团的温度更均匀，发酵一致

随着发酵的进行，面团的表面和中心部分的温度差会越来越大，翻面能使面团温度更均匀。

翻面其实就是拍打、拉扯、折叠面团。从本质上来说，翻面与面团的搅拌毫无二致。因此，如果是已经充分搅拌的面团，再对它进行翻面会导致搅拌过度，反而会使面团无力，膨胀力变差。所以，要做翻面的面团一定要控制搅拌程度，比如法棍面团与其他面团相比搅拌时间较短，就是考虑了翻面后设定的搅拌时间。

总之，不论是用搅拌揉捏面团，还是采用翻面方法增加面团膨胀力，其道理是一样的。只不过，翻面这个动作除了有搅拌揉捏的作用外，还有上述诸多好处，这是搅拌和翻面的最大区别。

充分搅拌、发酵后分割的面团，和搅拌到一定程度后发酵、翻面、再发酵、分割的面团的风味、口感是完全不同的。特别是硬面包，有些制法中有两次或三次翻面，这并不是用搅拌机打面，而是用发酵和翻面在制作面团。在这种情况下，酵母的发酵力会随着时间越来越弱，但翻面时空气中的酵母菌进入面团，因而面团会散发出天然酵母的芬芳。这种

制法的特点是，用极少的酵母量，通过长时间重复发酵和翻面，最大程度地体现出小麦粉的风味。

任务实施

课前准备

一、产品介绍

法式面包是面包的重要分支。法国人有边走边吃面包的习惯，儿童上学路上也喜欢手拿长面包，大口大口地啃食，有时，还会把面包当棍棒，追逐捅打，别具情趣。法国的餐馆无论大小，一般都设有面包房。店堂与面包房相距很近，有时只有一板之隔，图的是递送方便。可见面包对于法国人来说是多么重要。

法式面包的特点是制作材料简单，表皮酥脆，所以法式面包又称脆皮面包。乡村拐杖面包的名字中的"乡村"是指其用料简单、富含杂粮成分，"拐杖"则是指其形状。这是一款在法国家喻户晓的产品，也是法式面包的经典款。

二、配方

面团种类	原料	质量
种面团	高筋面粉	250g
	水	160g
	盐	4g
	干酵母	1g
主面团	高筋面粉	200g
	黑麦粉	50g
	水	160g
	盐	6g
	干酵母	2g
	全麦天然酵种	100g
	麦芽精	2g

注：可制成约 6 个产品。

三、课前思考

1. 阅读或查询相关知识和制作方法的资料后解答以下问题

（1）面包已经风靡世界，成为人们重要的食品，请问面包起源于哪些国家？其传播途径是怎样的？

（2）法式老面是酵种的一种，请问什么是酵种？它大概分为几种？

（3）什么是法式面包？它的特点是什么？

2. 探究成果的展示分享

请各小组结合本次课程的内容，把以下问题作为探究方向，通过搜集、总结、整理资料，进行探究并形成探究报告（可以综合整理资料也可以提供自己的认知和见解）。

问题：产品的最终目标是为了销售，销售环节是烘焙产业链中的重要一环，在该产品的生产流通销售环节中，可以采取哪些措施来促进产品的销售，让消费者更快更多地消费产品？

◼ 教学过程

一、任务导入

某客户想要举办个人野餐派对，前来定制乡村拐杖面包30件，要求制品大小一致，成品单个质量120g左右，包装规格 1 件/袋，客户要求在1d内完成制作并交货，请你按客户要求完成任务。这批订单由几个班组合作完成，你的班组到达烘焙车间后，接到门店产品库发来的《班组任务单》，请你按时按量完成此次订单。

首先，请你接收《班组任务单》，做好生产前准备，根据生产流程和任务，填写《班组任务单》，申领所需的原料与工具。

班组任务单

编号：　　　　　　　　　　　　　　　　　　　　　　　日期：

任务产品名称	乡村拐杖面包		
任务数量			
任务说明			
任务下达人	门店产品库	班组负责人	

续表

	名称	数量	名称	数量
工具申领单				
	名称	数量	名称	数量
原料申领单				
车间归还记录	车间卫生安全员确认签字		归还具体时间	

二、组内分工

岗位	姓名	工作记录
原辅料领用员		
工具领用员		
卫生管理员		
质量安全员		

三、生产实施

1. 种面团的制作

配图	操作方法	关键点
	将所有材料搅拌均匀,冷藏发酵一夜备用	注意盖好面团防止干燥,为防止温度升高,夏天可移至冷藏室发酵

2. 产品制作

配图	操作方法	关键点
	（1）将发酵好的种面团和主面团一起倒入搅拌机中搅拌	—
	（2）搅拌至面团光滑有弹性，能拉开成膜即可	注意搅拌至面筋充分拓展，可拉出均匀薄膜
具体过程记录：		
	（3）放置于发酵箱中，以室温28℃，发酵60min	—
	（4）发酵好后，将面团分割成150g/个，分别滚圆，放置于帆布上，松弛30min	可撒干面粉防止面团干燥，松弛时最好放于木板上，分割准确，避免分割过多损害面筋，如果发酵过度，可置于冷藏室进行松弛
具体过程记录：		
	（5）按压面团排气	此过程中可排除大气泡

配图	操作方法	关键点
	（6）将面团对折，卷成橄榄形	卷起手法应轻柔，松紧适度，封口严实
	具体过程记录：	
	（7）放入烤盘，以温度30℃、相对湿度75%，发酵60min	—
	（8）发酵好之后，在表面撒上低筋粉，切出刀口	低筋粉烘烤不易上色，筛粉少而均匀，运刀快速利落，刀片可蘸水以防止粘连
	具体过程记录：	
	（9）放入烤箱，以上火220℃、下火200℃，喷蒸汽，烘烤20~25min即成	—
	成品描述与分析：	

四、成本核算

根据实际情况，进行产品的成本核算。

序号	物料名称	品牌	规格/单位	单价/元	数量	小计/元	合计/元
1							
2							
3							
4							
5							
6							
7							
8							
9							
10							
出品数		包装规格		包装单价			
包装成本		单份成本		出品率			

五、总结与反思

（1）二次发酵法的工艺流程是什么？

（2）法式面包需要选择筋度相对较低的面粉，或把面粉调节到较低筋度使用。面粉的筋度是怎么产生的？它由什么决定？

（3）原料面粉筋度过高或过低会对面包成品产生什么影响？

（4）在车间生产过程中，有许多规章制度，它们都有必要吗？制定这些规章的目的是什么？

六、评价考核

"乡村拐杖面包制作"专业能力评价表

学生姓名：_____ 组别：_____ 日期：_____

评价环节	评价项目	评价内容	评价要素	0分	不及格	及格	良	优
课前评价（15%）	基础知识	自主学习	完成课前预习内容并回答相关问题（15分）	0	4	8	12	15

续表

评价环节	评价项目	评价内容	评价要素	0分	不及格	及格	良	优
课中评价（70%）	面团搅拌	操作过程	1. 配料正确（3分） 2. 加料时机正确，根据需要选择正确的搅拌机转速（3分） 3. 出缸面团搅打程度合适，面温合适（4分） 4. 出缸动作利落熟练（3分） 5. 正确进行初步醒发过程（4分） 6. 注意操作卫生与安全（3分）	0	5	10	15	20
	成形		1. 分割面团准确、动作干净利落（5分） 2. 面团初步成形形状合适，成品均一（5分） 3. 面团二次成形手法正确、轻柔，封口严实（5分） 4. 刀口利落，角度、长度均一（5分）	0	5	10	15	20
	醒发和烘烤		1. 各步醒发终点选择合适（2分） 2. 刀口深度、方向、长度、角度合适，动作流畅，刀口利落（2分） 3. 炉温、蒸汽量、烘烤时间控制得当（2分） 4. 注意操作卫生与安全（2分）	0	2	6	8	10
	产品呈现	产品展示	1. 产品表皮呈棕红色，表皮薄厚适中，口感酥脆（2分） 2. 产品外形整齐，大小均一，表面刀口整齐，平行均一（3分） 3. 产品口感清爽、富含小麦天然香味（3分） 4. 产品码放干净整齐（2分）	0	2	6	8	10
	学习能力	探究归纳	1. 探究错误产生的原因（4分） 2. 能举一反三，具有知识迁移能力（4分） 3. 总结问题及重难点的解决办法（2分）	0	2	6	8	10
课后评价（15%）	巩固迁移能力	总结归纳	能够完成教师布置的作业（15分）	0	4	8	12	15
合计								
总分								

注：①总分＜60分为不及格；60≤总分＜75为及格；75≤总分＜85为良；总分≥85为优；

②每个评分项目里，如出现安全问题或不出品则为0分；

③本表与附录《职业素养考核评价表》配合使用。

七、关机清理实训场地

按照要求完成以下清单内容，自检确认后，完成《班组任务单》。

流程结束整理清单

序号	工序	确认	序号	工序	确认
1	和面机关闭并清理		10	椅子码放	
2	醒发箱关闭并清理		11	多媒体关机及白板清理	
3	烤箱关闭并清理		12	场地清理	
4	制冰机清理关机		13	水池清理及水龙头关闭	
5	产品清点包装上缴		14	清扫工具码放	
6	剩余原料清点上缴		15	各级电源检查	
7	借用工具清理上缴		16	关灯	
8	烤盘清洗		17	场地归还	
9	台面清理				

（1）将多余原料归还原料库管清点签字。

（2）将借用工具归还工具库管清点签字，如有工具缺失则需登记，并与产品库管确认后签字。

（3）将产品送交产品库管签字。

（4）完成场地清理，由车间卫生安全员检查签字。

课后任务

1. 总结本任务中产品的制作流程，标注重难点。
2. 根据老师对你制作的产品以及制作过程的评价，总结自己的不足，找出原因。

任务 2　法式乡村面包制作

学习目标

课前

1. 能自主学习了解法式乡村面包的历史渊源，通过搜集各类资料，学习相关知识，以组为单位接受任务、制订工作计划和完成任务的学习环节。
2. 通过课前预习，了解本产品特点，掌握法式乡村面包的制作方法，培养自主获取知识和处理信息的能力。

课中

1. 熟悉面种知识。
2. 能在老师的指导下，遵照安全、卫生标准，独立完成法式乡村面包的制作，独立完成法式面团的搅拌、醒发、整形、装饰及烘烤步骤，注意产品外形、规格、口味的标准化和一致性，提倡节约，养成精益求精的工匠精神。
3. 能根据评分标准对自己和他人的作品进行合理的评价。
4. 在完成任务的过程中，养成"敬业""诚信"等社会主义核心价值观，增强节约、环保等意识。

课后

1. 通过练习，理解特定手法与产品特性之间的关系，由简单模仿操作工序手法向有意识地选择、设计、执行操作工序手法努力。
2. 能搜集优秀作品资料，通过学习和借鉴提升自我的创新能力。

建议学时

6学时

知识链接

　　面包，尤其是法式面包，在制作过程中，为了增加其风味、软度、保质期等，会加入各种面种，这里介绍几种常用面种的制作方法。

一、中种法

　　中种法的优点是组织细腻柔软、老化慢，发酵完成后不用回温，可直接撕成小块和主面团混合使用。

　　是否需要回温要看室温能否达到面团合理的终温（终温通常为24～28℃，面团不是温度越低越好，温度过低醒发时间过久面包入炉后会膨起不足），如室温偏低，可以稍回温，如室温高，直接使用即可。

　　（1）70%中种　酵头中面粉用量为总面粉量的70%，冷藏发酵12～17h以上，不超过48h，发酵至原体积的2.5～4倍大；也可直接室温（28℃）发酵至原体积的2倍大再放入冰箱，若室温较低可在室温下发酵30～60min，再放入冰箱，发酵时间不固定，最终发酵时间还是要看酵头面团状态。

　　（2）100%中种　酵头中面粉用量为总面粉量的70%，主面团配料中没有面粉。

二、汤种法（65℃水）

　　汤种法利用淀粉糊化使面团吸水量增多（图3-3），面包组织柔软，具有弹性，可延缓老化，但是因为水分较大成品脱模后会出现塌腰现象。汤种面团含水量大会黏手，检查面团状态时可以双手蘸清水。

　　以$m_{面}:m_{水}=1:5$，将面粉与水的混合物小火加热到65℃（不可低于65℃，高2～3℃问题不大），持续搅拌促进糊化至黏稠离火，离火后继续搅拌一会儿，于冷却后使用。

图3-3　汤种面团

　　大量汤种会影响面团筋度，使汤种法吐司不会像全高筋粉制作的吐司那样胀发有力。

　　冷藏酵头时候覆保鲜膜，保鲜膜直接贴着面糊保存，不要悬空，以防产生水汽。

三、烫种法（沸水）

　　$m_{面}:m_{沸水}=1:1$，其余参考汤种法。

四、波兰种（液种）

　　$m_{面}:m_{水}=1:1$，酵母用量视配方而定，一般一个吐司放1g即可。发酵时不看发酵时间，主要看面团状态，种面团内部呈丰富的蜂窝状即可，常温发酵后放冷藏室保存或者冷藏发酵均可（图3-4）。

图3-4　波兰种（液种）

📖 任务实施

▣ 课前准备

一、产品介绍

　　法式乡村面包源于法国，一般颜色较深，组织多致密，保存期长达一周之久，是一种能提高饱腹感并味道浓郁的面包，经过几百年的演变，已成为法国传统文化的象征。法式面包制作起来技巧性很强，其面团的搅拌、发酵、整形手法都有独到之处，要想得到经典的内部组织质地，实现小麦香和发酵味道的经典配比所形成的独特口味，制作工艺的每一个步骤都十分重要。

二、配方

原料		烘焙百分比	质量	原料	烘焙百分比	质量
面粉	高筋粉	75%	750g	盐	2%	20g
	黑麦面粉	25%	250g	水（10℃）	67%	670g
酵母		1%	10g			

注：可制成约5个产品。

三、课前思考

1. 阅读相关知识后完成以下题目

　　（1）下列不是面团的面筋所起的作用的是（　　　）

　　　　A. 承受面团发酵过程中二氧化碳气体的膨胀

　　　　B. 提高面团的保气能力

　　　　C. 提高面团的可塑性

　　　　D. 阻止二氧化碳气体的溢出

　　（2）下列不属于面点师个人着装的总体要求的是（　　　）

　　　　A. 干净、整齐、不露头发

　　　　B. 领带整洁、名牌正装

　　　　C. 工作服、工鞋工帽穿戴整齐

　　　　D. 不留胡须、不染指甲、不戴首饰

　　（3）在使用搅拌机时，应优先选择在机器转动的同时观察判断面团的状态，如遇到必须触摸面团的情况，应先将机器_____，才能触摸搅拌缸中的面团。

2. 探究成果的展示分享

　　请各小组结合本次课程的内容，把以下问题作为探究方向，通过搜集、总结、整理资料，进行探究，形成探究报告（可以综合整理资料也可以提供自己的认知和见解）。

　　问题：本任务产品的诞生背景和发展、流行的过程是怎样的？

● 教学过程

一、任务导入

　　某面包房接到一批订单，要求制作法式乡村面包，要求产品规格一致，口味清香，富有韧性，数量为50个，请你按照客户要求安排班组成员按规定时间完成此项任务。

　　首先，请你接收《班组任务单》，做好生产前准备，根据生产流程和任务，填写《班组任务单》，申领所需的原料与工具。

班组任务单

编号：　　　　　　　　　　　　　　　　　　　日期：

任务产品名称	法式乡村面包的制作			
任务数量				
任务说明				
任务下达人	门店产品库	班组负责人		
工具申领单	名称	数量	名称	数量
原料申领单	名称	数量	名称	数量
车间归还记录	车间卫生安全员确认签字		归还具体时间	

二、组内分工

岗位	姓名	工作记录
原辅料领用员		
工具领用员		
卫生管理员		
质量安全员		

三、生产实施

配图	操作方法	关键点
	（1）将所有材料混合，慢速搅拌均匀，自然分解30min	注意盖好防止干燥，自然分解时为防止温度升高，夏天可移至冷藏室进行
	具体过程记录：	
	（2）快速搅拌均匀至完全扩展，搅拌好的面团温度在22~25℃，取出面团置于发酵盒中，室温基础发酵50~60min，中途翻面两次	翻面手法轻柔，手上蘸水防止粘连
	具体过程记录：	
	（3）将发酵好的面团分割成340g/个	切割准确，避免分割过多损害面筋
	具体过程记录：	

配图	操作方法	关键点
	（4）将面团滚圆后放在发酵帆布上，盖上保鲜膜，以22℃中间发酵30~40min	滚圆（揉圆）手法轻柔，过程中可排除大气泡，但要保持面团中的气体
具体过程记录：		
	（5）整形，将面团卷成圆柱形，将圆柱1/3处擀薄，在边缘处刷上橄榄油，盖在剩下2/3的面团上	橄榄油刷0.5cm宽即可，要少量，刷油后可根据面团表面干燥程度，喷一些水，以利于最终烘烤成形
具体过程记录：		
	（6）将面团底部向上放在发酵帆布上，放入发酵箱，温度25~28℃，相对湿度75%，时间30~60min	—
具体过程记录：		

配图	操作方法	关键点
	（7）在面团表面用面粉筛出图案，入炉以上火240℃、下火230℃烘烤25~30min	筛粉要少而匀，要注意保护面包表面花纹，避免接触面团破坏图案
	具体过程记录：	
	成品描述与分析：	

四、成本核算

根据实际情况，进行产品的成本核算。

序号	物料名称	品牌	规格/单位	单价/元	数量	小计/元	合计/元
1							
2							
3							
4							
5							
6							
7							
8							
9							
10							
出品数		包装规格		包装单价			
包装成本		单份成本		出品率			

五、总结与反思

（1）法式乡村面包制作过程中的发酵流程有哪些操作要点？

（2）法式乡村面包就是普通的法式面包，通过整形和筛粉美化和丰富了其外形。请阐述法式乡村面包最核心的特色是什么？

（3）请观察各组的产品，探讨要想做出一款翻面美观、翘起合适的法式乡村面包，在制作过程中有哪些需要注意的地方？

（4）在国家高速发展的大背景下，烘焙行业日新月异，谈谈作为一个未来烘焙人，需要如何投入这快速发展的时代。

六、评价考核

"法式乡村面包制作"专业能力评价表

学生姓名：_____　　　组别：_____　　　日期：_____

评价环节	评价项目	评价内容	评价要素	0分	不及格	及格	良	优
课前评价（15%）	基础知识	自主学习	完成课前预习内容并回答相关问题（15分）	0	4	8	12	15
课中评价（70%）	面团搅拌	操作过程	1. 配料正确（3分） 2. 加料时机正确，根据需要选择正确的搅拌机转速（3分） 3. 出缸面团搅打程度合适，面温合适（4分） 4. 面团出缸动作利落熟练（4分） 5. 注意操作卫生与安全（6分）	0	5	10	15	20
	成形		1. 面团分割准确、动作干净利落（5分） 2. 面团初步成形形状合适，成品均一（5分） 3. 翻面成形手法正确、轻柔，擀片的大小厚度均匀合适（5分） 4. 筛粉清晰而薄，总体美观大方（5分）	0	5	10	15	20
	醒发和烘烤		1. 翻面手法正确，时间点选择恰当（2分） 2. 各步醒发终点选择合适（2分） 3. 制作过程中注意了对筛粉图案的保护（2分） 4. 炉温、蒸汽量、烘烤时间控制得当（2分） 5. 注意操作卫生与安全（2分）	0	2	6	8	10

续表

评价环节	评价项目	评价内容	评价要素	0分	不及格	及格	良	优
课中评价（70%）	产品呈现	产品展示	1. 产品表皮呈棕红色，表皮薄厚适中，口感酥脆（2分） 2. 产品外形整齐，大小均一（2分） 3. 产品花纹图案清晰美观（2分） 4. 产品内部组织含有大量水分，切口可见有大小不一的气孔，为面粉的天然颜色，有淡淡光泽（2分） 5. 产品口感清爽、富含小麦天然香味（1分） 6. 产品码放干净整齐（1分）	0	2	6	8	10
	学习能力	探究归纳	1. 探究错误产生的原因（3分） 2. 能举一反三，具有知识迁移能力（3分） 3. 总结问题及重难点的解决办法（4分）	0	2	6	8	10
课后评价（15%）	巩固迁移能力	总结归纳	能够完成教师布置的作业（15分）	0	4	8	12	15
合计								
总分								

注：①总分＜60分为不及格；60≤总分＜75为及格；75≤总分＜85为良；总分≥85为优；

②每个评分项目里，如出现安全问题或不出品则为0分；

③本表与附录《职业素养考核评价表》配合使用。

七、关机清理实训场地

按照要求完成以下清单内容，自检确认后，完成《班组任务单》。

流程结束整理清单

序号	工序	确认	序号	工序	确认
1	和面机关闭并清理		7	借用工具清理上缴	
2	醒发箱关闭并清理		8	烤盘清洗	
3	烤箱关闭并清理		9	台面清理	
4	制冰机清理关机		10	椅子码放	
5	产品清点包装上缴		11	多媒体关机及白板清理	
6	剩余原料清点上缴		12	场地清理	

续表

序号	工序	确认	序号	工序	确认
13	水池清理及水龙头关闭		16	关灯	
14	清扫工具码放		17	场地归还	
15	各级电源检查				

（1）将多余原料归还原料库管清点签字。

（2）将借用工具归还工具库管清点签字，如有工具缺失则需登记，并与产品库管确认后签字。

（3）将产品送交产品库管签字。

（4）完成场地清理，由车间卫生安全员检查签字。

课后任务

1. 总结本任务中产品的制作流程，标注重难点。

2. 根据老师对你制作的产品以及制作过程的评价，总结不足，找出原因。

任务3　乡村帮库面包制作

学习目标

课前

1. 能自主学习了解乡村面包的历史渊源，通过搜集各类资料，学习相关知识，以组为单位接受任务、制订工作计划和完成任务的学习环节。

2. 通过课前预习，了解本产品特点，掌握乡村帮库面包的制作方法，培养自主获取知识和处理信息的能力。

课中

1. 熟悉鲁邦种。

2. 能在老师的指导下，依照安全、卫生标准，独立完成乡村帮库面包的制作，独立完成法式面团的搅拌、醒发、整形、装饰及烘烤步骤，注意产品外形、规格、口味的标准化和一致性，提倡节约，养成精益求精的工匠精神。

3. 能在老师的指导下，独立完成液种面团的制作和使用，并根据实际样品和产品效果判断液种的效果。

4. 能在老师的指导下，试着起一个鲁邦种，在操作中，学习鲁邦种的起种、保存、使用。

课后

1. 通过练习，理解特定手法和工序设计与产品特性之间的关系，由简单模仿操作工序手法向有意识地选择、设计、执行操作工序手法努力。

2. 能搜集优秀作品资料，通过学习和借鉴，提升自我的创新能力。

建议学时

6学时

知识链接

本任务的产品可以选择使用鲁邦种，鲁邦种可以使面包更具风味。

酵母是真菌类微生物，对人类而言，酵母菌是有益的微生物。面包发酵除了使用日常的工业培养酵母（干酵母、鲜酵母）以外，还有天然酵种。完全利用天然食材和空气中的酵母和乳酸菌加入水和面粉培养出来的发酵种，被称为"天然酵种"。鲁邦种便是天然酵种的一种。

一、什么是鲁邦种？

鲁邦种是以附着在面粉中的菌种制作成的发酵种，不使用工业培养的酵母，而是将面粉加上水，搅拌后密封于干净的容器里，在一定的时间温度利用面粉表面和空气中含有的酵母菌，以糖分作为营养来源，进行发酵而得。

二、鲁邦种的作用

鲁邦种形成的酸味及发酵风味，运用到面包制作中可以更加凸显谷物本身的风味。同时也能使面包表皮略厚，表皮颜色更好，还能增加面包酸度，使面包风味饱满自然，增加成品内部富有弹性、湿润不粘牙的口感，帮助成品内部组织形成不规则蜂窝状孔洞（图3-5）。

图3-5　鲁邦种的内部组织

鲁邦种中的乳酸菌与酵母菌大约以100：1的数量比例存在。使用鲁邦种最大的目的在于增添乳酸菌发酵的风味，另外鲁邦种会让面筋软化，可以做出更松软的面包组织，也能延缓面包老化，避免细菌滋生，带有保水保湿效果，能维持面包良好的湿润度和口感。因此鲁邦种在法国被广泛运用，适合做一些传统欧包，如法棍、法国乡村面包、黑麦面包等。

三、鲁邦种的培养方法

鲁邦种有液态种与固态面团两种酵母培养方式。

固态面团是最初的制作鲁邦种的方式，在发明冰箱以前，人们就通过每天搅拌来培养面团，面团的发酵较为缓慢。现今为了缩短工作时间常用液态种的培养方式，液态种发酵速度较快，可借助冰箱冷藏控制温度使发酵速度变缓慢以利于保存。液态种不再需要每天搅拌，操作上更加省事。

任务实施

课前准备

一、产品介绍

乡村帮库面包源于欧洲，基本不含糖和油。面包成品内部有大的孔洞，有小麦的清香，口感有韧性，是主食面包。乡村帮库面包是法式面包中最为传统的面包之一，它是在完全纯手工时代制作的面包，以中筋粉、老面肥等食材制成。乡村帮库面包利用了液态种（鲁邦种），使只有面粉、水、盐等基础原料生产的面包具有发酵风味，并可以很好地还原小麦香味。要制作出经典完美的乡村帮库面包，需要面包师长时间的练习和思索。

二、配方

1. 液态种

原料	质量
高筋面粉	150g
水	160g
黑麦粉	100g
干酵母	1g

2. 主面团

原料	烘焙百分比	质量
高筋面粉	100%	1000g
麦芽精	2%	20g
水	60%	600g
盐	2%	20g
干酵母	0.4%	4g
全麦天然酵种	40%	400g

注：可制成约8个产品。

三、课前思考

1. 阅读乡村帮库面包制作的相关知识和制作方法的资料后解答以下问题

（1）一般情况下，面粉在（　　　）的相对湿度环境下贮藏较为理想

    A. 45%~55%　　　　　　　　B. 55%~65%

    C. 65%~75%　　　　　　　　D. 75%~80%

（2）面粉中的蛋白质主要由球蛋白、谷蛋白、（　　　）等组成

    A. 角蛋白、清蛋白　　　　　　B. 清蛋白、麦胶

    C. 醇溶蛋白、清蛋白　　　　　D. 麦胶、醇溶蛋白

（3）（　　　）可以增加面团中面筋的密度、增强弹性、提高面筋的筋度

    A. 糖　　　　　　　　　　　　B. 水

    C. 酵母　　　　　　　　　　　D. 盐

2. 探究成果的展示分享

请各小组结合本任务的内容，把以下问题作为探究方向，通过搜集、总结、整理资料，进行探究并形成探究报告（可以综合整理资料也可以提供自己的认知和见解）。

问题：分析乡村帮库面包在现今烘焙市场中的地位和主要消费群体，及其消费群体的忠诚度、消费能力、消费特点。

教学过程

一、任务导入

某饭店包房接到任务单，准备次日西式自助主食，其中包括成品单个质量为200g的乡村帮库面包30个，请面包师按时按量提供产品。全班分组，合作完成此项任务。

作为面包师，你接到订单，制作此批乡村帮库面包。首先，请你接收《班组任务单》，做好生产前准备，根据生产流程和任务，填写《班组任务单》，申领所需的原料与工具。

班组任务单

编号：　　　　　　　　　　　　　　　　　　　日期：

任务产品名称	乡村帮库面包			
任务数量				
任务说明				
任务下达人	门店产品库	班组负责人		
工具申领单	名称	数量	名称	数量
原料申领单	名称	数量	名称	数量
车间归还记录	车间卫生安全员确认签字		归还具体时间	

二、组内分工

岗位	姓名	工作记录
原辅料领用员		
工具领用员		
卫生管理员		
质量安全员		

三、生产实施

1. 液态种的制作

配图	操作方法	关键点
	将所有材料搅拌均匀，室温发酵3h，冷藏发酵一夜，备用	注意根据室温和酵母活性，灵活调整发酵时间

2. 乡村帮库面包的制作过程

配图	操作方法	关键点
	（1）将液态种和干性、湿性材料一起搅拌至面团光滑有弹性即可 具体过程记录：	注意搅拌至面筋充分拓展，可拉出均匀薄膜
	（2）以室温22℃，发酵60~90min	—

配图	操作方法	关键点
	（3）将面团分割成290~300g/个，分别滚圆，置于发酵帆布上，松弛30min	撒干面粉防止干燥，松弛时最好放于木板上，面团分割需准确，避免分割过多损害面筋
	具体过程记录：	
	（4）按压面团排气	过程中可排除大气泡
	（5）再将面团对折	注意手法，松紧适度
	具体过程记录：	
	（6）卷成圆柱形，再搓成长条	注意封口严实，手法轻柔，松紧适度
	具体过程记录：	
	（7）放入烤盘，以温度28℃，相对湿度75%，发酵40~60min	—

配图	操作方法	关键点
	（8）发酵好之后，在表面撒上低筋粉，切出刀口	刀口间距1cm左右，深度2mm左右，运刀快速利落，刀片可蘸水以防止粘连
	具体过程记录：	
	（9）放入烤箱，以上火220℃、下火200℃，喷蒸汽，烘烤30min即成	—
	成品描述与分析：	

四、成本核算

根据实际情况，进行产品的成本核算。

序号	物料名称	品牌	规格/单位	单价/元	数量	小计/元	合计/元
1							
2							
3							
4							
5							
6							
7							
8							

续表

序号	物料名称	品牌	规格/单位	单价/元	数量	小计/元	合计/元
9							
10							
出品数			包装规格		包装单价		
包装成本			单份成本		出品率		

五、总结与反思

（1）本任务的面包生产中用到了液态种，通过查询资料和观察，阐明液态种的优点。

（2）制作乡村帮库面包要事先制作液态种，发酵3h，冷藏过夜。根据本任务的生产过程，试着总结一下液态种的生产要点。

（3）乡村帮库面包的制作过程中，一共进行了几次发酵？分析每次发酵的作用，说明每一次发酵终点的判断方法。

（4）乡村帮库面包常常采用很多杂粮和麸皮等成分，这些成分会造成成品口感粗糙干硬，可以采用什么手段来降低杂粮和麸皮等成分对面包组织的影响？

六、评价考核

"乡村帮库面包制作"专业能力评价表

学生姓名：＿＿＿＿＿＿＿＿　　组别：＿＿＿＿＿＿＿＿　　日期：＿＿＿＿＿＿＿＿

评价环节	评价项目	评价内容	评价要素	0分	不及格	及格	良	优
课前评价（15%）	基础知识	自主学习	完成课前预习内容并回答相关问题（15分）	0	4	8	12	15
课中评价（70%）	面团搅拌	操作过程	1. 配料正确（3分） 2. 液态种制作过程正确，清洁、干净（3分） 3. 加料时机正确，根据需要选择正确的搅拌机转速（3分） 4. 出缸面团搅打程度合适，面温合适（3分） 5. 面团出缸动作利落熟练（3分） 6. 正确进行初步醒发过程（3分） 7. 注意操作卫生与安全（2分）	0	5	10	15	20

续表

评价环节	评价项目	评价内容	评价要素	0分	不及格	及格	良	优
课中评价（70%）	成形	操作过程	1. 面团分割准确、动作干净利落（5分） 2. 面团初步成形形状合适，成品均一（5分） 3. 面团成形手法正确、轻柔，封口严实（5分） 4. 面团转移动作流畅准确（5分）	0	5	10	15	20
	醒发和烘烤		1. 各步醒发终点选择合适（3分） 2. 刀口深度、方向、长度、角度合适，流畅，刀口利落（3分） 3. 炉温、蒸汽量、烘烤时间控制得当（2分） 4. 注意操作卫生与安全（2分）	0	2	6	8	10
	产品呈现	产品展示	1. 产品表皮呈棕红色，表皮薄厚适中，口感酥脆（3分） 2. 产品外形整齐，大小均一，表面刀口整齐、平行、均一（3分） 3. 产品口感清爽、富含小麦天然香味（2分） 4. 产品码放干净整齐（2分）	0	2	6	8	10
	学习能力	探究归纳	1. 探究错误产生的原因（3分） 2. 能举一反三，具有知识迁移能力（3分） 3. 总结问题及重难点的解决办法（4分）	0	2	6	8	10
课后评价（15%）	巩固迁移能力	总结归纳	能够完成教师布置的作业（15分）	0	4	8	12	15
合计								
总分								

注：①总分＜60分为不及格；60≤总分＜75为及格；75≤总分＜85为良；总分≥85为优；

　　②每个评分项目里，如出现安全问题或不出品则为0分；

　　③本表与附录《职业素养考核评价表》配合使用。

七、关机清理实训场地

按照要求完成以下清单内容，自检确认后，完成《班组任务单》。

流程结束整理清单

序号	工序	确认	序号	工序	确认
1	和面机关闭并清理		2	醒发箱关闭并清理	

续表

序号	工序	确认	序号	工序	确认
3	烤箱关闭并清理		11	多媒体关机及白板清理	
4	制冰机清理关机		12	场地清理	
5	产品清点包装上缴		13	水池清理及水龙头关闭	
6	剩余原料清点上缴		14	清扫工具码放	
7	借用工具清理上缴		15	各级电源检查	
8	烤盘清洗		16	关灯	
9	台面清理		17	场地归还	
10	椅子码放				

（1）将多余原料归还原料库管清点签字。

（2）将借用工具归还工具库管清点签字，如有工具缺失则需登记，并与产品库管确认后签字。

（3）将产品送交产品库管签字。

（4）完成场地清理，由车间卫生安全员检查签字。

课后任务

1. 总结本任务产品的制作流程，标注重难点。

2. 根据老师对你制作的产品以及制作过程的评价，总结不足，找出原因。

任务4　法式起司面包制作

学习目标

课前

1. 能自主学习，通过搜集各类资料，学习相关知识，以组为单位接受任务、制订工作计划和完成任务的学习环节。
2. 了解起司，学习起司的相关知识，能正确称量和选用起司面包的原辅材料，按照烘焙一体化教室安全操作守则，正确使用工具和设备。

课中

1. 熟悉起司。
2. 能在老师的指导下，遵照安全、卫生标准，独立完成产品的制作，完成和面、醒发、包馅、成形、装饰、烘烤等一系列步骤，完成产品制作，注意产品外形、规格、口味的标准化和一致性，提倡节约，养成精益求精的工匠精神。
3. 能在老师的指导下，独立完成酵种制作，会根据酵种状态，调节其发酵时间、温度等，对酵种的使用效果能有大致预判。
4. 能根据产品评价标准，查找自己的作品与标准作品的区别，并探究产生区别的原因，在反复探究和讨论中锻炼沟通能力、解决问题的能力和严谨认真的职业素养。

课后

1. 通过课后练习，不断完善制作手法，进一步提高作品的品质和一致性，培养精益求精的工匠精神。
2. 通过练习，理解特定手法与产品特性之间的关系，由简单模仿操作工序手法向有意识地选择、设计、执行操作工序手法努力。

建议学时

6学时

📖 知识链接

关于起司

图3-6 乳酪

乳酪（Chess），常译为起司，是一种发酵的牛乳制品，其性质与常见的酸牛乳有相似之处，都是通过发酵过程制作的，也都含有乳酸菌，但是乳酪的浓度比酸乳更高，近似固体食物，营养价值也因此更加丰富（图3-6）。

乳酪从类型上来看，可以分为新鲜乳酪、白霉乳酪、蓝纹乳酪、半硬质乳酪、硬质乳酪、清洗乳酪、山羊乳乳酪。根据乳的品种、制作方法及生产地区的不同，乳酪的风味自然也就不同了。

一、乳酪的历史

乳酪，广义上就是凝聚山羊、绵羊、牛等动物乳中的蛋白质，去除不凝聚液体（乳清），使之发酵成熟的食品。有的使用凝乳酶制成，也有的是加热后凝聚而成；有的是新鲜食用的乳酪，也有的是催熟的熟乳酪，有的在其成熟的过程中添加霉菌使之发霉，也有的用当地出产的酒清洗而成。

（1）乳酪是何时诞生的 乳酪的诞生有一段非常有趣的民间故事，在很久很久以前，有一位阿拉伯的商人要横越沙漠。在漫长的旅途中，他将牛乳装入羊胃袋做成的水袋里捆绑在骆驼背上。这位商人想喝牛乳，将水袋中的牛乳倒出，发现牛乳已变成了水和白色的凝乳了。据说，这种凝乳就是乳酪的前身。在这个民间故事里，"高温""振荡""羊胃袋中使乳汁凝聚的凝乳酶"是制作乳酪的三种要素，因而具有一定的真实性。

在公元前，人类将野生的动物驯服成家畜加以饲养，并将动物乳作为食品。乳酪的真正起源很可能就是在那个时候。其诞生地大概是中东或近中东地区、古代美索不达米亚地区。

（2）乳酪制作的传播 古代美索不达米亚遗迹显示，人们在公元前6000年时已经将绵羊、山羊、牛作为家畜来饲养了。此后，古埃及以及古代美索不达米亚地区也就成了制作乳制品的起源地。乳酪制作从古代美索不达米亚地区向世界各地传播开来，传播方向大致有三：地中海沿岸，中亚，东南方向。首先是地中海沿岸，乳酪制作传到了土耳其、古希腊、意大利。古希腊史诗《奥德赛》中提到过绵羊、山羊的乳酪，而且在古希腊似乎曾经用无花果汁制作凝乳剂使乳汁凝聚。从古希腊传到意大利，乳酪的制作已经有了一个很大的发展，后来对欧洲乳酪制作影响很大。乳酪制作，随着古罗马帝国的繁荣又得到了进一步的发展，不久就传遍了欧洲大陆。在中亚，游牧民高度依赖牛乳、羊乳等，他们自古以来就掌握了乳制品加工技术，甚至可以想象他们在古代美索不达米亚地区的乳酪制作方法传来之前可能就制作乳酪了。在蒙古，用绵羊、山羊、马、骆驼、牦牛等家畜乳汁作为原料，加热或加酸凝聚乳汁，这种乳酪的制作方法，至今还在流传。东南方向的传播途径是先到印度，再到中国西藏。从前在印度，人们不吃牛肉，乳制品成了重要的食品。在印度的古老记载中，记录了古代印度人曾食用过类似黄油的食品。

（3）欧洲乳酪的重大发展　乳制品文化通过古罗马帝国传到了欧洲大陆，人们以牛乳为原料大量制作黄油、乳酪。中世纪之后，欧洲大片森林遭到砍伐，变成了农田和畜牧草场，繁荣的畜牧业，也推动了乳酪农产品的发展。在欧洲，瑞士，法国，荷兰，德国，英国等国的乳酪生产有了长足的发展。

从前，修道院中一直有掌握乳酪制作技术的修道士们制作乳酪，并使乳酪制作技术趋于成熟。后来，乳酪的制作技术传授给了修道院周围的农家主妇，从而迅速传播开来。乳酪成了欧洲人在日常生活中不可或缺的主要食品，以至于各地区，各村落乃至各个家庭都能制作风味独特的乳酪。地理条件不同，牧草质量不一样，饲养的牛、羊产出的乳自然也不一样。再者，乳酪制作大都是手工进行的，即便是同一个农家，每年做出的乳酪也不一样。

18世纪的法国，有着浓厚地方色彩的乳酪经过农妇们手工制作上市销售，再经过巴黎美食家们改良，演变成更为美味可口的乳酪，同时也推动了德国、荷兰、丹麦、瑞士、英国等国乳酪制作的发展。现在，据说世界上有1000种乳酪，也有说法是2000种。欧洲生产的乳酪虽在世界上占据主流地位，但在蒙古，印度和中国的西藏、新疆、内蒙古等国家和地区，其原有的乳酪制作有着悠久的历史和传统，也受到了重视，沿用流传至今，并成为世界乳制品文化的一部分。

二、乳酪的品尝知识

乳酪的分类方法有很多种，这里分别介绍一下新鲜乳酪、白霉乳酪、蓝纹乳酪、清洗乳酪、山羊乳酪、半硬质乳酪、硬质乳酪7个品种。如果了解了各种乳酪的大致特点，再加以品味时，也就容易品得个中滋味了。

（1）新鲜乳酪　新鲜乳酪是一种能品味到鲜美风味的乳酪，有一种滑爽的酸味，类似于酸牛乳。由于是未经成熟的乳酪品种，所以食用时，乳酪必须是新鲜的。这种乳酪新鲜度极为重要，因而乳酪产品上标有保质日期。新鲜乳酪有用山羊乳制作的，也有用绵羊乳制作的，但主要是以牛乳为原料，既有农家干酪那种清淡无味的乳酪，也有加入奶油、风味浓烈的乳酪，还有添加胡桃或香料的乳酪，品种极多。

（2）白霉乳酪　白霉乳酪是雪白的霉菌包裹的软质乳酪。随着霉菌不断繁殖，乳酪由外往内渐趋成熟，味道也越发醇厚。待其完全成熟时，里面的醇厚风味飘逸而出。白霉乳酪原先只有法国生产，因深受欢迎，现在世界各国都有生产。其乳脂含量大都为50%～60%，为奶油口味，随着成熟度加深，其中心部分变得柔软起来的时候，就是最佳品味时间。带有白霉的乳酪表皮也可以食用，但乳酪完全成熟时，白霉干枯，可清除外表皮后再食用。

（3）蓝纹乳酪　蓝纹乳酪具有2000多年的历史，风味辛辣。当这种乳酪上的绿霉菌繁殖，形成了漂亮的花纹，乳酪就可食用了。与其他乳酪品种不同，它是由中心向外渐趋成熟。蓝纹乳酪的最诱人的魅力就在于它有一种能刺激舌头的强烈风味。世界著名的三大蓝纹乳酪为罗克福尔干酪、戈尔贡佐拉干酪和斯蒂尔顿干酪，各具特色，魅力诱人。

（4）清洗乳酪　这种乳酪最开始是在修道院制作。为了促进成熟，乳酪表层含有一种特殊的细菌，需用盐水或当地产的酒清洗，所以称作清洗乳酪。其特点是香味浓烈，有一股刺鼻的特殊风味，但它的口感却出人意料地非常柔和。清洗乳酪在法国有大量生产。

（5）山羊乳酪　用山羊乳制作的乳酪，在春秋季节品味最佳。在其成熟的早期阶段就能品尝到它的芳香美味，这也是山羊乳酪的一大特征。其特点是内部洁白，春夏两季皆是食用最佳时节，形状各异，有圆筒形，金字塔形等。

（6）半硬质乳酪　这种乳酪含有乳的醇厚美味和甘甜，湿润而有弹性是其一大诱人魅力，可以直接入口品味，也可以用于三明治、乳汁烤菜等各种菜肴，操作非常方便。其味道、气味都比较清淡，食用方便，并有与加工干酪相似的口感，不仅能广泛用作菜肴配料，而且有易于保存的优点。硬质乳酪是将凝乳加热之后再固体化的，而半硬质乳酪是未经加热就对凝乳进行加工，使之变柔软。

（7）硬质乳酪　在严寒的山区，硬质乳酪作为过冬贮存的食品而得到发展，也被称作"山区乳酪"。它那厚重的甜味要成熟很长时间才能出现，是质地最硬的一种乳酪，大多形大体重，利于长期保存，成熟时间至少半年，长则需要两年以上。因其成熟时间较长，凝缩而成的醇厚、甘甜的味道令人着迷。以帕尔玛·勒佐干酪为代表，几乎所有的硬质乳酪都可以作为粉状乳酪使用。

自然乳酪是一种逐日成熟、鲜美无比的食品，它丰富多彩的味道，令人欲罢不能，大多数产品的单个质量较大，食用时可进行切分。

三、乳酪选购方法

选购乳酪时尽可能前往有乳酪食品行家的商店，当场接受专家的指导，这一点十分重要，比如会鉴别乳酪成熟度的行家，能利用"视、触、嗅、味、听"来鉴别乳酪情况，判断什么时候是最佳食用时机，并为购买者详加说明。如果购买者也略微知道一些乳酪选购标准，在挑选乳酪时就轻松多了。选购乳酪首先要观看乳酪的表面，比如白霉乳酪中的卡门培尔干酪，随着成熟度加深白霉会变成淡褐色；又如清洗乳酪，成熟度不够，表面发硬，但随着成熟度加深，会渐渐地湿润起来。另外，通过触摸也能了解到乳酪的成熟程度，在乳酪正中央按一下，如果是柔软的，说明已经成熟到中央了；如果感觉到中央处有芯，说明还未充分成熟。乳酪如散发着香草气味，说明还未成熟；闻到刺鼻氨气气味，就过了最佳食用时机；吃出苦味或舌头发麻，则表明已经不适合食用了。

四、乳酪的品尝方法

乳酪须在食用前一个小时从冰箱里取出，使其质地会软化，再现原有的风味。不过，新鲜乳酪由于过分柔软，宜在食用时从冰箱里取出。如果是放在餐桌上食用的乳酪，可以放在竹篮里或盘碟中，堆成某种造型，来招待客人，或在家庭舞会上摆出，定受欢迎。有很多乳酪可作菜肴佐料。

五、剩余乳酪的保存方法

购买乳酪时应考虑好吃多少买多少。如果有吃剩的乳酪，应存放在冰箱冷藏室里，但不可以让其干燥。宜将吃剩的乳酪放回原来的包装盒或包装纸内，重新包好保存，如果原包装已经有开口处，还得用保鲜膜包裹上，不过，用保鲜膜包裹长久存放，膜内侧会产生水气，乳酪容易发霉，要每3～4d更换一次保鲜膜，最好在1周之内食用完。蓝纹乳酪宜避光，否则可能变色，最好用避光的铝箔纸等包装。即便是小心翼翼地善加保存，乳酪表面除了原来的霉菌外，往往还会滋生其他霉菌，如白霉乳酪上可能长出发绿的霉斑，蓝纹乳酪、清洗乳酪上出现红霉斑，应将这些霉斑削去。如果还有更多的吃剩乳酪，可以设法寻找其他品味的方法。白霉乳酪、清洗乳酪可以削去表层，与乳脂乳酪、鲜奶油一同搅拌，涂在面包和饼干上食用，也美味可口。蓝纹乳酪可以熔化后用在菜肴里。已经变得很硬实的乳酪，可以刨成粉状，作为通心粉和咖喱饭的佐料，或用来制作菜肴，味道也不错。

🔲 任务实施

▣ 课前准备

一、产品介绍

起司是乳酪的别称，作为一种经典食品，它可以集中乳中的营养，使其得以长期保存，其独特口味也深受人们的喜爱。法式面包利用面粉、水、酵母、盐四种基本原材料制成，简单却又不失技巧性，是面包师所应掌握的经典的面包产品，同时，也是面包师需要用一生来研究揣摩的产品。法式起司面包，结合了法式面包与起司的双重口味，法式面包加入起司馅料也是法式面包的一种常用做法。

二、配方

1. 馅料

起司丁200g。

2. 液态种

原料	质量
高筋面粉	75g
水	80g
黑麦粉	50g
干酵母	1g

3. 主面团

原料	烘焙百分比	质量
高筋面粉	100%	500g
麦芽精	2%	10g
水	60%	300g
盐	2%	10g
干酵母	0.4%	2g
全麦天然酵种	40%	200g

注：可制成约 8 个产品。

三、课前思考

1. 阅读相关知识完成以下题目

（1）乳是在（　　　）的作用下变成固体继而成为乳酪的

　　A. 酵母菌　　　　　　　　B. 乳酸菌

　　C. 凝乳酶　　　　　　　　D. 水解酶

（2）面粉的筋度主要是由面粉中的（　　　）决定的

　　A. 淀粉　　　　　　　　　B. 蛋白质

　　C. 灰分　　　　　　　　　D. 脂肪

（3）贮存面包的相对湿度，一般为（　　　）

　　A. 35%~45%　　　　　　　B. 45%~55%

　　C. 55%~65%　　　　　　　D. 65%~75%

2. 探究成果的展示分享

请各小组结合本任务的内容，把以下问题作为探究方向，通过搜集、总结、整理资料，进行探究并形成探究报告（可以综合整理资料也可以提供自己的认知和见解）。

问题：原材料的挑选是产品生产中的重要一步，在本任务的产品原材料的选择和采购中需要注意什么？从品控层面阐述其原材料的选择。

◾ 教学过程

一、任务导入

某客户想要举办个人野餐派对，前来定制法式起司面包50件，要求制品大小一致，成品种120g左右，包装规格2件/袋，客户要求在1d内完成制作并交货，请你按客户要求完成任务。这批订单由几个班组合作完成，你的班组到达烘焙车间后，接到门店产品库发来的《班组任务单》，请你按时按量完成此次订单。

首先，请你接收《班组任务单》，做好生产前准备，根据生产流程和任务，填写《班组任务单》，申领所需的原料与工具。

班组任务单

编号：   日期：

任务产品名称	法式起司面包			
任务数量				
任务说明				
任务下达人	门店产品库	班组负责人		
	名称	数量	名称	数量
工具申领单				
	名称	数量	名称	数量
原料申领单				
车间归还记录	车间卫生安全员确认签字		归还具体时间	

二、组内分工

岗位	姓名	工作记录
原辅料领用员		
工具领用员		
卫生管理员		
质量安全员		

三、生产实施

配图	操作方法	关键点
	（1）将所有材料搅拌均匀，室温发酵3h，冷藏发酵一夜，备用	注意根据室温和酵母活性，灵活调整发酵时间
	（2）将液态种和干性材料、湿性材料一起搅拌至面团光滑有弹性即可	注意搅拌至面筋充分拓展，可拉出均匀薄膜
	具体过程记录：	
	（3）以室温（22℃），发酵60~90min	—
	（4）将面团分割成150g/个，分别滚圆，置于发酵帆布上，松弛30min	撒干面粉防止干燥，松弛时最好放于木板上，分割准确，避免分割过多损害面筋，如果发酵过度，可置于冷藏室进行松弛
	具体过程记录：	

配图	操作方法	关键点
	（5）将面团按压排气	过程中可排除大气泡
	具体过程记录：	
	（6）将面团对折，放入起司丁	起司丁可稍大些，少量放入，注意折面手法，应松紧适度
	具体过程记录：	
	（7）将面团再折一下，再次放入起司丁	起司丁可稍大些，少量放入，注意折面手法，应松紧适度
	具体过程记录：	
	（8）封口，将面团搓成橄榄形	封口严实紧密，不要过度搓揉，保持馅料在产品中心位置
	具体过程记录：	
	（9）放入烤盘，以30℃，相对湿度75%，发酵60min	—
	（10）发酵好之后，在表面撒上一些低筋面粉，在水平方向上切开一个刀口	切至看到馅料，运刀快速利落，刀片可蘸水防止粘连
	具体过程记录：	

配图	操作方法	关键点
	（11）放入烤箱，以上火220℃、下火200℃，喷蒸汽，烘烤20min即成	—
	成品描述与分析：	

四、成本核算

根据实际情况，进行产品的成本核算。

序号	物料名称	品牌	规格/单位	单价/元	数量	小计/元	合计/元
1							
2							
3							
4							
5							
6							
7							
8							
9							
10							
出品数		包装规格			包装单价		
包装成本		单份成本			出品率		

五、总结与反思

（1）法式面包的脆皮是怎么产生的？试着总结它的产生原理。

（2）任何面包在烘烤时都会损失质量，为什么？根据你的经验，本任务中产品烘烤后会损失其质量的百分之几？

（3）影响面包烘烤质量损失的因素有哪些？请列举出来并简单分析。

（4）在生产过程中，如何使卫生理念贯穿始终？

六、评价考核

"法式起司面包制作"专业能力评价表

学生姓名：_____　　组别：_____　　日期：_____

评价环节	评价项目	评价内容	评价要素	0分	不及格	及格	良	优
课前评价（15%）	基础知识	自主学习	完成课前预习内容并回答相关问题（15分）	0	4	8	12	15
课中评价（70%）	面团搅拌	操作过程	1. 配料正确（3分） 2. 液体酵种制作过程正确，清洁、干净（3分） 3. 加料时机正确，根据需要选择正确的搅拌机转速（3分） 4. 出缸面团搅打程度合适，面温合适（3分） 5. 面团出缸动作利落熟练（3分） 6. 正确进行面团初步醒发过程（3分） 7. 注意操作卫生与安全（2分）	0	5	10	15	20
	成形		1. 面团分割准确、动作干净利落（5分） 2. 面团初步成形形状合适，成品均一（5分） 3. 包馅成形手法正确、轻柔，封口严实（5分） 4. 面团转移动作流畅准确（5分）	0	5	10	15	20
	醒发和烘烤		1. 各步醒发终点选择合适（3分） 2. 刀口深度、方向、长度、角度合适，线条流畅，刀口利落（3分） 3. 炉温、蒸汽量、烘烤时间控制得当（2分） 4. 注意操作卫生与安全（2分）	0	2	6	8	10
	产品呈现	产品展示	1. 产品表皮呈棕红色，薄厚适中，口感酥脆（3分） 2. 产品外形整齐，大小均一，表面刀口整齐、平行、均一（3分） 3. 产品口感清爽、富含小麦天然香味（2分） 4. 产品码放干净整齐（2分）	0	2	6	8	10
	学习能力	探究归纳	1. 探究错误产生的原因（3分） 2. 能举一反三，具有知识迁移能力（3分） 3. 总结问题及重难点的解决办法（4分）	0	2	6	8	10

续表

评价环节	评价项目	评价内容	评价要素	0分	不及格	及格	良	优
课后评价（15%）	巩固迁移能力	总结归纳	能够完成教师布置的作业（15分）	0	4	8	12	15
合计								
总分								

注：①总分＜60分为不及格；60≤总分＜75为及格；75≤总分＜85为良；总分≥85为优；

　　②每个评分项目里，如出现安全问题或不出品则为0分；

　　③本表与附录《职业素养考核评价表》配合使用。

七、关机清理实训场地

按照要求完成以下清单内容，自检确认后，完成《班组任务单》。

流程结束整理清单

序号	工序	确认	序号	工序	确认
1	和面机关闭并清理		10	椅子码放	
2	醒发箱关闭并清理		11	多媒体关机及白板清理	
3	烤箱关闭并清理		12	场地清理	
4	制冰机清理关机		13	水池清理及水龙头关闭	
5	产品清点包装上缴		14	清扫工具码放	
6	剩余原料清点上缴		15	各级电源检查	
7	借用工具清理上缴		16	关灯	
8	烤盘清洗		17	场地归还	
9	台面清理				

（1）将多余原料归还原料库管清点签字。

（2）将借用工具归还工具库管清点签字，如有工具缺失则需登记，并与产品库管确认后签字。

（3）将产品送交产品库管签字。

（4）完成场地清理，由车间卫生安全员检查签字。

课后任务

1. 总结本任务中产品的制作流程，标注重难点。
2. 根据老师对你制作的产品以及制作过程的评价，总结不足，找出原因。

任务5　法棍制作

学习目标

课前

1. 能自主学习了解法棍面包的历史渊源，通过搜集各类资料，学习相关知识，以组为单位接受任务、制订工作计划和完成任务的学习环节。
2. 能正确称量和选用法棍的原辅材料，按照烘焙一体化教室安全操作守则，正确使用工具和设备。

课中

1. 熟悉麦芽精的作用和使用方法。
2. 能在老师的指导下，遵照安全、卫生标准，独立完成法式老面制作和使用，通过法棍面团搅拌、发酵、翻面、成形、烘烤等一系列步骤，完成产品制作，注意产品外形、规格、口味的标准化和一致性，提倡节约，养成精益求精的工匠精神。
3. 了解法棍和法式面包，熟悉其评判标准，能根据法棍面包的成品标准，查找自己的作品与标准作品的区别，并探究产生区别的原因，培养认真的职业素养。
4. 在完成任务的过程中，养成"敬业""诚信"等社会主义核心价值观，增强节约环保等意识。

课后

1. 通过课后练习，不断完善制作手法，进一步提高作品的品质和一致性，培养精益求精的工匠精神。
2. 通过练习，理解特定手法与产品特性之间的关系，由简单模仿操作工序手法向有意识地选择、设计、执行操作工序手法努力。

建议学时

6学时

知识链接

一、麦芽精在面包中的作用

麦芽精是用大麦芽进行深加工，抽提其精华而制成的一种黏稠状物质，具有麦芽特有的芳香，主要用于速溶麦片、玉米片、消化饼中，关键生产技术在于大麦的发芽、烘烤、抽提，使产品麦芽香味浓郁。

（1）有助于酵母的活性发酵　麦芽精中所含的糖类大部分都是酵母可以直接利用于发酵的麦芽糖，再加上麦芽精所含的 α-淀粉酶活性会分解面团中的淀粉，故能持续供给糖类。所以借此促进发酵的同时，还能提高发酵的持续性。

（2）使面团具有机械耐性　麦芽精所含的酶，能使面团光滑并提升其延展性。借此以减少搅拌以及切割时对面团所造成的损伤。

（3）使面团的延展效果良好　麦芽精能促进发酵，增加面团中气体量，优化面包在烤箱内的延展性以及内相。

（4）延缓面包的老化　在发酵过程中，麦芽糖中的酶有利于淀粉分解形成大量糊精。糊精具有保水和延缓烘烤面包老化的作用。

（5）增添面包的色泽以及香气　利用酶生成的糖类和各种成分，能使面包在烘焙完成时有独特的香气。麦芽精中含有的糖分在烘烤的时候会产生美拉德反应，能够帮助面包上色。

二、麦芽精和麦芽糖的区别

麦芽精与麦芽糖在结构上是不同的。麦芽精由大麦发芽时因活性化的 α-淀粉酶产生的副产品麦芽糖（图3-7），熬煮成浓稠状态的糖浆制成。

而麦芽糖是淀粉酶分解淀粉产生的双糖，是白色针状结晶。

图3-7　麦芽糖

三、没有麦芽精的解决办法

若没有麦芽精，也可以不添加，因为麦芽精的作用主要在于尽早达到发酵状态、辅助发酵、产生风味的变化及上色，是锦上添花的作用。加入麦芽精仅是为了防止面粉和酵母中的分解酶不足，为小麦淀粉分解再加一把力。若没有麦芽精，可选择多加酵母或者延长发酵时间（以面团状态决定），同时要记得把酵母事先在温水中溶解，激发酵母活性。

要是追求更完美的味道与技术的精进，建议在需要的时候把麦芽精添加上，面包大师和普通职人的作品的差别往往都是在这些看似细小的食材要求上。

四、麦芽精的使用方法

（1）添加分量　麦芽精的使用分量为配方面粉量的0.3%～0.5%。若添加过度的话，面团会变黏稠，对后期整形造成一定的影响，所以一定要注意使用的量。

（2）使用方法　直接拌入法：直接把麦芽精放入面粉中，搅拌均匀即可。水溶法：先把麦芽精放在少许的配方水中进行搅拌直到溶化，再拌入面粉混合后倒入剩余的配方水。此两种方法都可用，很多日本面包师偏向于水溶法，因为它能够让麦芽精和水充分溶解。

任务实施

课前准备

一、产品介绍

　　法棍（Baguette）是一种最传统的法式面包，营养丰富。Baguette的原意是长条形的宝石。法棍的配方很简单，只用面粉、水、盐和酵母四种基本原料，不加糖，不加乳粉，不加或几乎不加油，小麦粉未经漂白，不含防腐剂，在形状上、质量上也有统一的要求，还规定斜切刀口必须要有5道或7道。

二、配方

面团种类	原料	质量
中种面团 （8份）	高筋面粉	350g
	低筋面粉	150
	水	350g
	老面（或酵母）	100g（4g）
主面团	高筋面粉	700g
	低筋面粉	300g
	水	700~750g
	酵母	5g
	老面	100g
	盐	18g
总量		约1800g

注：可制成约5个产品。

三、课前思考

1. 阅读相关知识完成以下题目

　　（1）酵母在发酵面团中，通过发酵产生二氧化碳气体，使制品松软、膨大，它是一种

（ 　　　 ）膨松剂

    A. 生物　　　　　B. 化学合成　　　C. 复合型　　　　D. 无机

（2）通常把面筋被拉伸到某种程度而不断裂的性质称为（　　　　）

    A. 延展性　　　　B. 韧性　　　　　C. 弹性　　　　　D. 可塑性

（3）法棍面团含水量一般是（　　　　）

    A. 50%~60%　　B. 60%~65%　　C. 65%~75%　　D. 75%~80%

2. 探究成果的展示分享

    请各小组结合本任务的内容，把以下问题作为探究方向，通过搜集、总结、整理资料，进行探究并形成探究报告（可以综合整理资料也可以提供自己的认知和见解）。

    问题：本任务中产品的制作流程及其操作要点有哪些？

⬛ 教学过程

一、任务导入

    某酒店需每日为入住客人提供中西式早餐和正餐，其中法棍是每日菜单中的常见产品，按客流量估算，酒店每天预定50根标准法棍，成品要求250g/根。

    请你接收《班组任务单》，做好生产前准备，根据生产流程和任务，填写《班组任务单》，申领所需的原料与工具。

班组任务单

编号：　　　　　　　　　　　　　　　　　日期：

任务产品名称	法棍的制作			
任务数量				
任务说明				
任务下达人	门店产品库		班组负责人	
工具申领单	名称	数量	名称	数量

续表

原料申领单	名称	数量	名称	数量
车间归还记录	车间卫生安全员确认签字		归还具体时间	

二、组内分工

岗位	姓名	工作记录
原辅料领用员		
工具领用员		
卫生管理员		
质量安全员		

三、生产实施

1. 前期准备

配图	操作方法	关键点
	（1）准备工作：制作老面，每份需50g高筋面粉、50g水、0.5g酵母； （2）将中种面团中所有原料放入盆中混合均匀至没有干粉颗粒即可，用保鲜膜包好，28℃发酵2h后，冷藏4~5℃醒发10h以上	（1）根据需要量按比例调整配方； （2）中种法主要是培养酵母活性，冷藏发酵越久乳酸菌产生的酸度越高
具体过程记录：		

2. 正式生产

配图	操作方法	关键点
	（1）将主面团所需面粉、90%水放入打面缸慢速混合至成团，盖好，自然分解30min，加入酵母和中种面团，打至不粘缸时放入盐，快速打至出膜，加入剩余的10%水快速打至吸收，完成打面	水量较大时，一次加入全部水，则面筋不容易形成，可先预留50~100g水，待面筋可基本拓展后，再加入剩余水快速搅打，使面团吸足水量
	具体过程记录：	
	（2）将打好的面团取出，整理光滑放在醒发盒内，用保鲜膜盖好，室温醒发1h后整理翻面一次	—
	（3）继续室温醒发30min，翻面一次，再室温醒发30min	根据室温和酵母活性确定具体醒发时间
	具体过程记录：	
	（4）将醒发好的面团分份，每份340g，整理成长条状放在醒发布上，以室温（18~25℃），醒发30min左右	—
	具体过程记录：	
	（5）将发好的法棍面团卷起搓压成棍状，长度为50cm左右，放在醒发布上盖好，室温（18~25℃）醒发30min左右	手法轻柔，保存其中气体，收口严密
	具体过程记录：	

配图	操作方法	关键点
	（6）将发好的法棍面团转移至高温布或入炉器上，切出5个刀口后放入烤箱，以上火230℃、下火210℃烤制，入炉后立刻喷蒸汽3s左右，烤制时间20min左右，待成品色泽金黄即可	刀口2mm左右深，向下倾斜45°，"破皮不破肉"，走刀方向与法棍呈30°，根据烤箱实际情况，调节温度与蒸汽量
	具体过程记录：	
	成品描述与分析：	

四、成本核算

根据实际情况，进行产品的成本核算。

序号	物料名称	品牌	规格/单位	单价/元	数量	小计/元	合计/元
1							
2							
3							
4							
5							
6							
7							
8							
9							
10							
出品数		包装规格		包装单价			
包装成本		单份成本		出品率			

五、总结与反思

（1）法棍制作过程中有哪些操作要点？

（2）通过查询资料，总结老面的制作方法和目的。

（3）用流程图梳理本任务中打面的过程，分析打面时加料的顺序对面团有什么影响？

（4）法棍的独特组织产生的原因是什么？

六、评价考核

"法棍制作"专业能力评价表

学生姓名：＿＿＿＿＿＿＿＿＿　　组别：＿＿＿＿＿＿＿＿＿　　日期：＿＿＿＿＿＿＿＿＿

评价环节	评价项目	评价内容	评价要素	0分	不及格	及格	良	优
课前评价（15%）	基础知识	自主学习	完成课前预习内容并回答相关问题（15分）	0	4	8	12	15
课中评价（70%）	面团搅拌	操作过程	1. 配料正确（3分） 2. 加料时机正确，根据需要选择正确的搅拌机转速（3分） 3. 出缸面团搅打程度合适，面温合适（4分） 4. 面团出缸动作利落熟练（3分） 5. 正确进行自然分解和初步醒发过程（4分） 6. 注意操作卫生与安全（3分）	0	5	10	15	20
	成形		1. 面团分割准确、动作干净利落（5分） 2. 面团初步成形形状合适，成品均一（5分） 3. 面团二次成形手法正确、轻柔，保留了大部分气体，封口严实（5分） 4. 面团转移动作流畅准确（5分）	0	5	10	15	20
	醒发和烘烤		1. 醒发温度正确（2分） 2. 醒发终点选择合适（2分） 3. 面团进出醒发箱操作迅速、流畅、轻柔（2分） 4. 注意操作卫生与安全（4分）	0	2	6	8	10
	产品呈现	产品展示	1. 产品内部组织富含大小不均匀的孔洞（4分） 2. 刀口深度、方向、长度、角度合适，线条流畅，刀口利落（2分） 3. 炉温、蒸汽量、烘烤时间控制得当（2分） 4. 注意操作卫生与安全（2分）	0	2	6	8	10

续表

评价环节	评价项目	评价内容	评价要素	0分	不及格	及格	良	优
课中评价（70%）	学习能力	探究归纳	1. 探究错误产生的原因（3分） 2. 能举一反三，具有知识迁移能力（3分） 3. 总结问题及重难点的解决办法（4分）	0	2	6	8	10
课后评价（15%）	巩固迁移能力	总结归纳	能够完成教师布置的作业（15分）	0	4	8	12	15
合计								
总分								

注：①总分＜60分为不及格；60≤总分＜75为及格；75≤总分＜85为良；总分≥85为优；

②每个评分项目里，如出现安全问题或不出品则为0分；

③本表与附录《职业素养考核评价表》配合使用。

七、关机清理实训场地

按照要求完成以下清单内容，自检确认后，完成《班组任务单》。

流程结束整理清单

序号	工序	确认	序号	工序	确认
1	和面机关闭并清理		10	椅子码放	
2	醒发箱关闭并清理		11	多媒体关机及白板清理	
3	烤箱关闭并清理		12	场地清理	
4	制冰机清理关机		13	水池清理及水龙头关闭	
5	产品清点包装上缴		14	清扫工具码放	
6	剩余原料清点上缴		15	各级电源检查	
7	借用工具清理上缴		16	关灯	
8	烤盘清洗		17	场地归还	
9	台面清理				

（1）将多余原料归还原料库管清点签字。

（2）将借用工具归还工具库管清点签字，如有工具缺失则需登记，并与产品库管确认后签字。

（3）将产品送交产品库管签字。

（4）完成场地清理，由车间卫生安全员检查签字。

课后任务

1. 在法式面包的制作过程中，常用到法式老面和鲁邦种，请阐述它们的不同。

2. 根据老师对你制作的产品以及制作过程的评价，总结不足，找出原因。

3. 法棍的最主要特色和产品主要的评价标准是什么？请总结并分析每一个评价标准与操作中的工艺步骤的对应关系（本题用图表作答）。

丹麦面包

任务1 香肠丹麦面包制作

学习目标

课前

1. 能自主学习，搜集产品资料，完成课前学习任务，以组为单位接受任务、制订工作计划和完成任务的学习环节。
2. 能正确称量和选用丹麦面包的原辅材料，按照烘焙一体化教室安全操作守则，正确使用工具和设备。

课中

1. 熟悉丹麦面包的概念和历史。
2. 能正确使用和面机、压片机、速冻柜、冰箱等设备，熟悉安全操作规程。
3. 能根据评分标准对自己和他人的作品进行合理评价。
4. 独立完成原料的混合，通过学习，独立完成包油、开酥流程，注意产品外形、规格、口味的标准化和一致性，提倡节约，树立精益求精的工匠精神。
5. 能根据产品评价标准，查找自己的作品与标准作品的区别，并探究产生区别的原因，在反复探究和讨论中锻炼沟通能力、解决问题的能力和严谨认真的职业素养。

课后

1. 通过课后练习，不断完善制作手法，进一步提高作品的品质和一致性，培养精益求精的工匠精神。
2. 能搜集优秀作品资料，通过学习和借鉴，提升自我的创新能力。

建议学时

6学时

一、丹麦面包的概念和历史

丹麦面包又称起酥面包和起层面包，口感酥软、层次分明、乳香味浓。这种面包的发源地是维也纳，所以在其他地区，人们也称之为维也纳面包。

丹麦面包的加工工艺复杂，面团经过搅拌和发酵之后，将经过3h以上低温发酵再滚压成厚约3cm的面片，然后进入折叠工序，包入面团中的油脂经过该工序使面包产生很多层次，面皮和油脂互相隔离不混淆。出炉后在面包表面刷油，冷却后撒上糖粉或者果酱装饰。因为制作时间长，这类面包的款式相对较少，常见的有牛角面包、果酱酥皮面包等。这种面包多同吉士酱、水果等组合起来烘烤，是一种点心类的面包。

根据配料和折叠进面团的油脂的多少，丹麦面包分为各种类型，丹麦的丹麦面包和德国的哥本哈根面包，属于面坯配料简单、折叠配入油脂量多的类型；面坯配料丰富的有法式的奶油鸡蛋面包和美式的丹麦面包等。属于中间类型的有德国的丹麦面包和法国的奶油热狗面包等。国内一般习惯把丹麦面包面坯根据加入片状黄油的量分为三类：欧式起酥面包、美式起酥面包、日式起酥面包。日式起酥面包包入相当于1/3面团质量的黄油，比较符合亚洲人的口味，是国内最常见的起酥面包；美式起酥面包通过涂膜加入黄油，黄油添加量较少；欧式面包加入一层无酵母酥皮，成品甜度和柔软度相对稍弱，口感比较酥脆。

总体上，面包中热量最高的就是丹麦面包。它的特点是加入20%~30%的奶油或起酥油，因为脂肪和热量实在太多，而且可能含有对心血管健康非常不利的反式脂肪酸，所以要少吃这种面包。

二、关于油脂

丹麦面包的和面和开酥过程中都会用到大量油脂。油脂是西点的主料之一，尽管为了追求健康提倡少油少糖，但是在烘焙产品制作中油脂是必不可少的。

油脂种类繁多，按形态大体分为两类：固态油，例如黄油、白油等；液态油，例如橄榄油、色拉油、玉米油……

以下介绍几种烘焙生产中常见的油脂。

1. 天然黄油（Butter）

黄油是从牛乳中提炼的油脂，所以有些地方又称"牛油"。还有一种从牛脂肪里提炼出来的油脂也称牛油，英文名为Cattle fat，可不要混淆了，不过这种牛油不适合做面包，所以配方里提到的牛油还是指黄油。

黄油常温下为浅黄色固体（图4-1），在高温下会软化变形，具有乳香味。黄油这种独特风味能够赋予面包独特的口味，配方中的黄油量越多，面包的口味就会越厚重。

天然黄油含有丰富的蛋白质和卵磷脂，具有亲水性强、乳化性能好、营养价值高的特点。它能增强面团的可塑性、成品的起酥性，使得面包内部松软滋润。

新鲜黄油脂肪含量大约在85%，由于其脂肪含量高，不应过多食用。

图4-1　黄油

常见的黄油有含盐和无盐两种，含盐黄油易于保存，但口感不如无盐黄油，配方中如果使用含盐黄油，就需要重新计算盐用量。常见面包配方里提到的黄油大都是无盐黄油。

黄油在28℃左右会非常软，可以打发，当到了35℃以上就会化作液体，液体黄油是不能打发的。

2. 人造黄油（Margarine）

人造黄油的中文名很多，比如人造奶油，根据单词译音又被称作玛琪琳、麦琪林等，它是将植物油加工后，加入人工香精模仿黄油味道制作而成的黄油替代品，不但保质期长，而且口感好，一般情况下可以代替黄油使用，但仍不及黄油口感好。

人造黄油是以植物性油脂或者动物性油脂为主要原料，添加适量的牛乳或乳制品、香料、乳化剂、防腐剂、抗氧化剂、食盐和维生素，经混合、乳化等工序而制成的。人造黄油是为了降低成本、替代高价的黄油而开发出来的，其味道和风味相对于黄油等级低一些。但是油脂含量80%以上的人造黄油，因为可塑性优良，也适合用来做面包。

人造黄油的风味、口感与天然黄油相似，而且其熔点、软硬度、软化性等可根据成分配比来调控。由于加入了植物油，人造黄油拥有比黄油更高的熔点（人造黄油熔点：43℃，黄油熔点：35.5℃），这就意味着人造黄油在冷冻时拥有更软的质地。

（1）人造黄油分级　人造黄油分为良质、次质和劣质，感官鉴别人造黄油的色泽时，可先取样品在自然光线下进行外部观察，然后用刀切开，仔细观察其切面上的色泽。

良质人造黄油呈均匀一致的淡黄色，有光泽。

次质人造黄油呈白色或着色过度，色泽分布不均匀，有光泽。

劣质人造黄油色泽灰暗，表面有霉斑。

当然有经验的面包师还可以通过色、香、味以及品尝来辨别其等级。

有的人造黄油即使放在冰箱中冷藏也是软的，不能制作千层饼；有的即使在28℃时候还是硬的，用来制作千层饼时很容易操作。

（2）常用人造奶油（玛琪琳） 玛琪琳于1869年诞生于法国。当时的欧洲，因为奶油严重不足，价格飞涨，法国国王拿破仑三世命令制作可以取代奶油的便宜油脂，即玛琪琳。该人造奶油中含有熔点较高的牛油，用于起酥面包等膨胀且多层次的产品中。

玛琪琳的特色：精选新鲜油脂经特殊加工而成，油脂组织细腻精纯，具有良好的延展性、可塑性，易于操作，可使起酥制品更加膨胀，层次分明，组织均匀，酥松可口。

玛琪琳的用途：制作各式起酥糕点、松饼类、丹麦面包类餐点。

3. 起酥油（Shortening）

起酥油指精炼的动植物油脂、氢化油或这些油脂混合后加工而成的油脂产品，一般不直接食用，是面包、饼干等食品加工的原料油脂。起酥油有固体的片状起酥油、液体的液态起酥油和粉磨起酥油，烘焙大多用到前两者。起酥油大部分呈现固体，是无色无味的食用油脂，有很好的起酥性和可塑性。

起酥油可分为动物起酥油和植物起酥油；部分氢化起酥油和全氢化起酥油；乳化起酥油和非乳化起酥油。不同的起酥油根据用途和功能性可分为面包用、糕点用、糖霜用和煎炸用起酥油。

起酥油脂肪含量接近100%，在制作蛋挞、饼干、酥皮点心等时可使产品拥有松软酥脆的口感。

注：起酥油和人造奶油外表有些近似，但不能看作一类，有的人会把起酥油和黄油、玛琪琳混为一谈，但是它们并不是能够完全相互替换的。

4. 酥油（Butter oil substitute）

无水的人造奶油即是酥油。酥油是作为猪油的替代品被开发出来的，在制造过程中已进行了脱臭除色，基本上是一种白色无臭无味的油脂，油脂含量100%，完全不含有水分。

在19世纪末，美国棉籽油产量大增，其利用方法之一就是搭配硬质奶油配方制作成产品，这就是酥油的初始。当时猪油是最广为使用的固体油脂，但因不易保存、成品的品质不一等缺点，所以慢慢被酥油取代了。

酥油的成分包括：食用油脂、食品乳化剂、抗氧化剂、香精、色素。酥油的加工工艺同人造奶油。酥油通常有两种，一种是固态塑性状态，另一种是透明的液态，称液态酥油。液态酥油多用在戚风蛋糕、海绵蛋糕中。液态酥油的原料油脂多为液体油脂，如轻度氢化植物油脂或不经氢化的食用植物油脂或去除硬脂的液态油脂。固态酥油香味浓郁，可用于加工多种烘焙食品，比如面包、蛋糕、曲奇等。

酥油的种类甚多，最普遍使用的酥油是加工酥油，它是利用氢化白油添加黄色素和奶油香料制成的，适用于任何一种烘焙产品中。

5. 植物油（Plant oil）

植物油主要含有不饱和脂肪酸，常温下为液体，一般用于油炸类产品和一些面包的生产。

6. 动物油（Animal oil）

动物油如猪油、牛油等，气味略重，一般呈现固态，在温度较高的时候融化。动物油可塑性强，可令面团更加容易加工。动物油的饱和脂肪酸和面团的纤维结构更加相配，且具备更高的耐热性。猪油最近又重新受到了大家的重视，猪油的使用方式被认为是中式餐点风味的关键，其使用方法相当精妙，常见的蛋黄酥、荷花酥类中点中经常使用它。

猪油会被酥油取代，是因为猪油易坏，无法久放，乳油具有起泡性，会因成品或季节的不同有硬度的差异，日后猪油的运用的发展也非常值得注意。

7. 鲜奶油（Cream）

鲜奶油又称淡奶油、稀奶油，可分为植物鲜奶油和动物鲜奶油，动物鲜奶油是从牛乳中提取的，而植物鲜奶油是植物油加工后加入能产生乳香的香精制作而成，严格来说植物鲜奶油算不上乳制品。

动物鲜奶油脂肪含量在16%~22%，搅拌打发后乳香浓郁，可用来制作冰激凌和慕斯等冷藏食用的制品，对于裱花塑形来说，动物奶油塑性差，植物奶油更为稳定，一般糕点店都用植物奶油塑形（但不建议过多食用）。

注：淡奶油（鲜奶油）和奶油不是一回事，一些面包配方里的奶油指的是黄油。

📥 任务实施

▪ 课前准备

一、产品介绍

丹麦面包是一种松质面包，香肠丹麦面包是丹麦面团和香肠的结合产品。烘焙车间员工接到丹麦面包生产订单，根据订单确定配方，在烘焙车间和规定工时内安排生产，对生产流程进行统筹，根据产品需求量领用生产用原辅材料和包装材料，准备生产环境和设备，依照安全操作规范进行丹麦面包的和面、开酥、成形、醒发、烘烤及包装。

二、配方

1. 丹麦面团配料

原料		烘焙百分比	质量
面粉	高筋面粉	60%	300g
	低筋面粉	40%	200g
砂糖		12%	60g
盐		2%	10g
高糖干酵母		1.6%	8g
鸡蛋		10%	50g
牛乳		30%	150g
水		32%	160g
片状酥油		50%	250g

注：可制成约12个产品。

2. 其他辅助材料

原料	质量
香肠	8根
马苏里拉芝士	100g
意大利香草碎	适量
蛋液	适量

三、课前思考

1. 阅读丹麦面包制作的相关知识和制作方法的资料后解答以下问题

（1）在面包制作中，面团调试完成的理想温度为（　　　）

　　A. 30~40℃　　　　　　　　B. 35~38℃

　　C. 26~28℃　　　　　　　　D. 25~30℃

（2）面团最后发酵的最适温度为（　　　）

　　A. 30~32℃　　　　　　　　B. 33~34℃

　　C. 35~38℃　　　　　　　　D. 38~40℃

（3）请写出丹麦面包醒发的特殊工艺要求是什么？并阐明其原因。

2. 探究成果的展示分享

　　请各小组结合本任务的内容，把以下问题作为探究方向，通过搜集、总结、整理资料，进行探究并形成探究报告（可以综合整理资料也可以提供自己的认知和见解）。

　　问题：从食品安全、生产安全层面看，该产品的制作流程中有哪些需要注意的地方？

教学过程

一、任务导入

某客户想要举办个人野餐派对，前来定制香肠丹麦面包100件，要求制品大小一致，成品单个质量50g左右，包装规格1件/盒，客户要求在1d内完成制作并交货，请你按客户要求完成任务。这批订单由几个班组合作完成，你的班组到达烘焙车间后，接到门店产品库发来的《班组任务单》，请你按时按量完成此次订单。

首先，请你接收《班组任务单》，做好生产前准备，根据生产流程和任务，填写《班组任务单》，申领所需的原料与工具。

班组任务单

编号：　　　　　　　　　　　　　　　　　　　日期：

任务产品名称	香肠丹麦面包			
任务数量				
任务说明				
任务下达人	门店产品库	班组负责人		
工具申领单	名称	数量	名称	数量
原料申领单	名称	数量	名称	数量
车间归还记录	车间卫生安全员确认签字		归还具体时间	

二、组内分工

岗位	姓名	工作记录
原辅料领用员		
工具领用员		
卫生管理员		
质量安全员		

三、生产实施

1. 丹麦面团

配图	操作方法	关键点
	（1）将高筋面粉、酵母、砂糖、乳粉、老面混匀，加入鸡蛋和水，搅成面团，稍后加入盐，待面团搅拌至不粘缸时加入黄油，搅打至面团初步拓展	黄油要分次加入，先慢速将黄油搅拌均匀，再快速搅拌至黄油完全融入面团，出缸面团温度控制在24~26℃
	具体过程记录：	
	（2）将打好的面团取出，整理光滑，盖好，常温醒发20~30min	—
	（3）将面团冷冻2h，面团不能出现结冰现象	根据冰箱温度适当调整冷冻时长
	具体过程记录：	

配图	操作方法	关键点
	（4）将面团擀开包入250g片状酥油；压长折叠，三折一次，冷冻松弛15min	若松弛时间延长可转至冷藏室
	具体过程记录：	
	（5）将面团压长四折一次，冷藏保存15min以上	需要长时间保存的，转至冷冻室保存，可适当加大酵母用量，需要时冷藏6h化冻
	具体过程记录：	

2. 香肠丹麦

配图	操作方法	关键点
	（1）将丹麦面团擀压至0.5cm厚，分割成3cm×20cm的长条形	—
	（2）用长条面团将香肠卷起	注意适度放松，不要紧绷
	（3）将卷成圆柱形的香肠面团放入纸托	—
	具体过程记录：	

配图	操作方法	关键点
	（4）放入烤盘，以温度28℃，相对湿度75%，发酵50min，然后刷上蛋液	—
	（5）撒上马苏里拉芝士碎、意大利香草碎后，放入烤箱，上火210℃、下火200℃，烘烤15min（到12min时掉转烤盘）	—
	具体过程记录：	
	成品描述与分析：	

四、成本核算

根据实际情况，进行产品的成本核算。

序号	物料名称	品牌	规格/单位	单价/元	数量	小计/元	合计/元
1							
2							
3							
4							
5							
6							
7							
8							
9							
10							

续表

序号	物料名称	品牌	规格/单位	单价/元	数量	小计/元	合计/元
11							
12							
13							
14							
15							
16							
17							
18							
19							
20							
出品数		包装规格		包装单价			
包装成本		单份成本		出品率			

五、总结与反思

（1）在本任务产品制作过程中丹麦面坯三折三次和三折一次四折一次面团在最终产品的品质上有什么不同？

（2）丹麦面包的烘烤一般要注意什么？

（3）丹麦面包加入馅料时有什么注意事项？

（4）丹麦面包是中国市场中比较受欢迎的面包品类，试着联系实际例子探讨中国烘焙市场的偏好性。

六、评价考核

"香肠丹麦面包制作"专业能力评价表

学生姓名：_____　　　组别：_____　　　日期：_____

评价环节	评价项目	评价内容	评价要素	0分	不及格	及格	良	优
课前评价（15%）	基础知识	自主学习	完成课前预习内容并回答相关问题（15分）	0	4	8	12	15

续表

评价环节	评价项目	评价内容	评价要素	0分	不及格	及格	良	优
课中评价（70%）	面团搅拌	操作过程	1. 配料正确（3分） 2. 加料时机正确，根据需要选择正确的搅拌机转速（4分） 3. 出缸面团搅打程度合适，面温合适（4分） 4. 面团出缸动作利落熟练（3分） 5. 正确进行初步醒发过程（3分） 6. 注意操作卫生与安全（3分）	0	5	10	15	20
	成形		1. 控制面团硬度合适（3分） 2. 包裹酥油、擀压折叠中，面团形状、层次控制得当（4分） 3. 压片机操作控制流畅（3分） 4. 冷藏、折叠操作流程正确（4分） 5. 面团无混油、合层、断油现象（3分） 6. 注意操作卫生与安全（3分）	0	5	10	15	20
	醒发和烘烤		1. 醒发箱设置正确（3分） 2. 醒发终点选择合适（3分） 3. 面团进出醒发箱操作迅速、流畅、轻柔（2分） 4. 注意操作卫生与安全（2分）	0	2	6	8	10
	产品呈现	产品展示	1. 产品表皮呈棕红色，有光泽（2分） 2. 产品外形整齐，大小均一（2分） 3. 产品内部层次分明，无明显大孔洞（2分） 4. 产品口感浓郁醇香、风味明显（2分） 5. 产品码放干净、清爽（2分）	0	2	6	8	10
	学习能力	探究归纳	1. 探究错误产生的原因（3分） 2. 能举一反三，具有知识迁移能力（3分） 3. 总结问题及重难点的解决办法（4分）	0	2	6	8	10
课后评价（15%）	巩固迁移能力	总结归纳	能够完成教师布置的作业（15分）	0	4	8	12	15
合计								
总分								

注：①总分＜60分为不及格；60≤总分＜75为及格；75≤总分＜85为良；总分≥85为优；

②每个评分项目里，如出现安全问题或不出品则为0分；

③本表与附录《职业素养考核评价表》配合使用。

七、关机清理实训场地

按照要求完成以下清单内容，自检确认后，完成《班组任务单》。

流程结束整理清单

序号	工序	确认	序号	工序	确认
1	和面机关闭并清理		10	台面清理	
2	压片机关闭并清理		11	椅子码放	
3	醒发箱关闭并清理		12	多媒体关机及白板清理	
4	烤箱关闭并清理		13	场地清理	
5	制冰机清理关机		14	水池清理及水龙头关闭	
6	产品清点包装上缴		15	清扫工具码放	
7	剩余原料清点上缴		16	各级电源检查	
8	借用工具清理上缴		17	关灯	
9	烤盘清洗		18	场地归还	

（1）将多余原料归还原料库管清点签字。

（2）将借用工具归还工具库管清点签字，如有工具缺失则需登记，并与产品库管确认后签字。

（3）将产品送交产品库管签字。

（4）完成场地清理，由车间卫生安全员检查签字。

📝 课后任务

1. 总结本任务中产品制作流程，标注重难点。

2. 根据教师对你的产品以及制作过程的评价，总结不足，找出原因。

任务2 丹麦可颂面包制作

学习目标

课前	1. 能自主学习，搜集产品资料，完成课前学习任务，以组为单位接受任务、制订工作计划和完成任务的学习环节。
	2. 能正确称量和选用丹麦可颂面包的原辅材料，按照烘焙一体化教室安全操作守则，正确使用工具和设备。
	3. 通过课前预习，了解本任务产品的特点，掌握产品的制作方法，培养自主获取知识和处理信息的能力。

课中	1. 熟悉油脂的作用和运用。
	2. 能在老师的指导下，遵照安全、卫生标准，独立完成产品制作。
	3. 能正确使用和面机、压片机、速冻柜、冰箱等设备，熟悉安全操作规程。
	4. 独立完成原料的混合，能独立完成包油、开酥流程，能独立完成和面、醒发、成形、烘烤、装饰等步骤，注意产品外形、规格、口味的标准化和一致性，提倡节约，树立精益求精的工匠精神。
	5. 在完成任务的过程中，养成"敬业""诚信"等社会主义核心价值观，增强节约、环保等意识。

课后	1. 通过课后练习，不断完善制作手法，进一步提高作品的品质和一致性，培养精益求精的工匠精神。
	2. 搜集优秀作品资料，通过学习和借鉴，提升自我的创新能力。

建议学时

6学时

📖 知识链接

一、油脂的作用

（1）增加营养，补充能量。

（2）增强面坯的延伸性、可塑性，有利于面团成形。

（3）调节面筋的胀润度，降低面团的筋度和黏性。

（4）保持产品组织的柔软，延缓淀粉老化时间，延长产品保存期。

（5）黄油等油脂中含有胡萝卜素等"色素"，会影响面包的颜色和味道。

（6）不同的油脂加入面团中会产生不同的风味。

（7）增强面团的机械耐性，因为面团搅拌会有摩擦撕裂，添加油脂可以使其润滑，减少面团损伤。

二、油脂的运用

1. 如何确定油脂的添加量

面包的种类非常多，很多面包的配方中都有油脂，对应小麦粉，油脂的添加比例根据面包的种类的不同而各不相同，一般的吐司类面包是2%~8%、甜面包是10%~15%、布里欧修是30%~60%。加入油脂最大的目的就是增加面包风味，让面包表皮既薄又柔软，内部也变得柔软而且纹理细致，烤出来的面包也有分量；在保存上可以防止面包变硬，这是因为油脂有效避免了面包的水分蒸发，而油脂在面包组织中不断地扩展，也很好地保持了面包的柔软性。

像是黄油还有起酥油等固体的油脂，可以通过外力的作用像黏土一样改变形状，也就是说它有可塑性，这种性质在面包制作过程中是非常重要的。

2. 怎么选择合适的油脂创作配方

选择合适的油脂，要先考虑产品需要呈现的外形、风味，再来选定油脂种类和品牌，如希望面团凸显副材料价值，那么油脂就偏向于选择味道清淡的以免喧宾夺主，例如佛卡夏面包就是橄榄油香四溢的，而欧式乡村类面包、法棍等为了凸显小麦的原始风味与口感，甚至都不添加油脂。

3. 添加油脂的注意事项

（1）液化作用　油脂一般在常温下使用，如果温度过高，油脂会变成液体，和面粉混合在一起，有油水分离的可能性。

（2）酵母和油脂不要混合使用　油脂覆盖在面团的表面，会减损酵母的活性，切记两者不要混合使用。

（3）加入面团的时机　在搅拌面团面筋形成时加入油脂比较合适，这样可以缩短搅拌时间，也能达到强化面筋的效果。

在面团中加入油脂后，油脂在面筋与淀粉的界面之间，与面筋紧密结合形成柔软而有弹力的面筋膜，使面筋能较为紧密地包围面团发酵所产生的气体，增加面团的气体保留性，从而增大面包体积，使面团变得容易揉且不易干，烤出来的面包体量就比较饱满。

如果加入液体的油脂也可以和面团一起进行搅拌，但是面团会比较光滑，使油脂难以融合，因而经常使用固体的油脂，当然也有一部分面包的配方当中会加入橄榄油和色拉油，这种情况下要把包含油脂在内的所有材料一起进行混合，要不然就没有办法混合均匀。

另外固体的黄油和起酥油性质不同但都有对方没有的性质，所以烘焙者可以根据自己的喜好将两者按比例混合使用，使烘烤出来的面包不但有黄油的风味而且口感松脆。

三、片状油脂的分类

在制作丹麦面包时需要使用到片状油脂，片状油脂一般分为三类：片状酥油、片状黄油和片状甜奶油。片状黄油和片状甜奶油将在项目四"任务3　杏仁丹麦面包制作"中进行介绍，下面，先来介绍片状酥油。

四、片状酥油

片状酥油和酥油一样，属于人工合成类的油脂。这种油脂是怎么制作的呢？一般来说，是从椰子树、棕榈树的种子中提炼出椰子油、棕榈油再经过精炼，形成白油，然后将白油提炼，加入胡萝卜素、香精、添加剂等形成酥油。片状酥油有什么特点呢？一般来讲，片状酥油本身熔点是比较高的，所以通常常温保存，但是温度不能太高，阴凉干燥的状态，才能够保证片状酥油的性质。

当然，也可以将片状酥油放在冰箱中保存。如果片状酥油还是板块状，没有分割，不管放在冷藏室还是冷冻室都没有关系，但如果已经将片状酥油分割完成，甚至已经将其擀开之后，最好就不要放在冰箱当中了。因为片状酥油熔点高，如果冻得比较硬，就很难再软化下来，而在丹麦面团开酥的时候，如果片状酥油比较硬，效果会大打折扣，甚至会导致丹麦面团直接报废。不过，因为片状酥油比较便宜，在门店当中用的还是比较多的。

任务实施

课前准备

一、产品介绍

丹麦面包又称松质面包，可颂即是其法语的音译，但"可颂"有时又是对羊角形状的丹麦面包的称呼，因此本教材中将羊角形状的丹麦面包称为"丹麦可颂面包"。丹麦可颂面包是丹麦面包中最基础、最经典的产品，是一款能够充分展示丹麦面包层次的产品。

二、配方

1. 丹麦面团配料

原料		烘焙百分比	质量
面粉	高筋面粉	80%	400g
	低筋面粉	20%	100g
砂糖		12%	60g
盐		2%	10g
鲜酵母		4%	20g
鸡蛋		10%	50g
牛乳		30%	150g
水		16%	80g
黄油		5%	25g
片状酥油		50%	250g

注：可制成约12个产品。

2. 其他辅助材料

适量蛋液。

三、课前思考

1. 阅读丹麦可颂面包制作的相关知识和制作方法的资料后解答以下问题

（1）成品面包表面有气泡的主要因素是（　　）

A. 加水量过多　　B. 加盐量过多　　C. 加油量过多　　D. 加蛋量过多

（2）油脂能降低面团筋度的原因是其具有（　　）

A. 隔离性　　　　B. 润滑性　　　　C. 反水化　　　　D. 稀释面筋

（3）面包面团发酵的目的是？

2. 探究成果的展示分享

请各小组结合本任务的内容，把以下问题作为探究方向，通过搜集、总结、整理资料，进行探究并形成探究报告（可以综合整理资料也可以提供自己的认知和见解）。

问题：该产品的成品出品要求有哪些？在其包装保存、运输、展示、售卖过程中，有哪些应该注意的地方？

▦ 教学过程

一、任务导入

某客户想要举办个人野餐派对，前来定制丹麦可颂面包100件，要求制品大小一致，成品单个质量50g左右，包装规格1件/盒，客户要求在1d内完成制作并交货，请你按客户要求完成任务。这批订单由几个班组合作完成，你的班组到达烘焙车间后，接到门店产品库发来的《班组任务单》，请你按时按量完成此次订单。

首先，请你接收《班组任务单》，做好生产前准备，根据生产流程和任务，填写《班组任务单》，申领所需的原料与工具。

班组任务单

编号：　　　　　　　　　　　　　　　　　日期：

任务产品名称	丹麦可颂面包			
任务数量				
任务说明				
任务下达人	门店产品库	班组负责人		
工具申领单	名称	数量	名称	数量
原料申领单	名称	数量	名称	数量
车间归还记录	车间卫生安全员确认签字		归还具体时间	

二、组内分工

岗位	姓名	工作记录
原辅料领用员		
工具领用员		
卫生管理员		
质量安全员		

三、生产实施

1. 丹麦面团

配图	操作方法	关键点
	（1）将除盐和黄油外的干性材料和湿性材料搅成面团，稍后加入盐，待面团搅拌至不粘缸时加入黄油，搅打至面团初步拓展	黄油要分次加入，先慢速将黄油搅拌均匀，再快速搅拌至黄油完全融入面团；出缸面团温度控制在24~26℃
	具体过程记录：	
	（2）将打好的面团取出，整理光滑，盖好塑料膜，常温醒发20~30min	—
	（3）将面团冷冻2h，面团不能出现结冰现象	根据冰箱温度适当调整冷冻时长
	具体过程记录：	
	（4）将面团擀开包入250g片状酥油，压长折叠三折一次，冷冻松弛15min，若松弛时间延长，则转至冷藏室进行	—

配图	操作方法	关键点
	（5）将面团压长四折一次，冷藏保存15min以上	需要长时间保存的，转至冷冻室保存，可适当加大酵母用量，需要时冷藏6h化冻
	具体过程记录：	

2. 卷制"可颂"

配图	操作方法	关键点
	（1）将丹麦面团擀压至0.3cm厚，分割成宽7cm、高20cm的等腰三角形面皮	擀压后松弛一会儿再切割，防止面片收缩
	（2）从等腰三角形面皮的底边向锐角卷起	前紧后松，手法轻柔
	具体过程记录：	
	（3）卷成羊角形	—
	（4）放入烤盘，温度28℃，相对湿度75%，发酵50min	—

配图	操作方法	关键点
	（5）发酵好后，刷上蛋液，放入烤箱，上火210℃、下火200℃，烘烤14min	到12min时掉转烤盘
	具体过程记录：	
	成品描述与分析：	

四、成本核算

根据实际情况，进行产品的成本核算。

序号	物料名称	品牌	规格/单位	单价/元	数量	小计/元	合计/元
1							
2							
3							
4							
5							
6							
7							
8							
9							
10							
11							
12							
13							
出品数		包装规格			包装单价		
包装成本		单份成本			出品率		

五、总结与反思

（1）在本任务产品制作过程中反复冷冻面团的意义是什么？

（2）制作丹麦可颂面包类产品，掉转烤盘的时间一般在烘烤完成80%~90%时，请分析一下为什么？掉转烤盘时应注意什么？

（3）面团搅拌拓展的程度对丹麦可颂面包的最终效果的影响是什么？

（4）塌腰是丹麦面包常常出现的失败现象，试着分析其发生原因，并讨论应如何避免。

六、评价考核

"丹麦可颂面包制作"专业能力评价表

学生姓名：_____　　　组别：_____　　　日期：_____

评价环节	评价项目	评价内容	评价要素	0分	不及格	及格	良	优
课前评价（15%）	基础知识	自主学习	完成课前预习内容并回答相关问题（15分）	0	4	8	12	15
课中评价（70%）	面团搅拌	操作过程	1. 配料正确（3分） 2. 加料时机正确，根据需要选择正确的搅拌机转速（4分） 3. 出缸面团搅打程度合适，面温合适（4分） 4. 面团出缸动作利落熟练（3分） 5. 正确进行初步醒发过程（3分） 6. 注意操作卫生与安全（3分）	0	5	10	15	20
	成形		1. 控制面团硬度合适（3分） 2. 包裹酥油，擀压折叠中，面团形状、层次控制得当（4分） 3. 压片机操作控制流畅（3分） 4. 冷冻、折叠操作流程正确（4分） 5. 面团无混油、合层、断油现象（3分） 6. 注意操作卫生与安全（3分）	0	5	10	15	20
	醒发和烘烤		1. 醒发箱设置正确（3分） 2. 醒发终点选择合适（3分） 3. 面团进出醒发箱操作迅速、流畅、轻柔（2分） 4. 注意操作卫生与安全（2分）	0	2	6	8	10
	产品呈现	产品展示	1. 产品表皮呈棕红色，有光泽（2分） 2. 产品外形整齐，大小均一（2分） 3. 产品内部层次分明，无明显大孔洞（2分） 4. 产品口感浓郁醇香、风味明显（2分） 5. 产品码放干净、清爽（2分）	0	2	6	8	10

续表

评价环节	评价项目	评价内容	评价要素	0分	不及格	及格	良	优
课中评价（70%）	学习能力	探究归纳	1. 探究错误产生的原因（3分） 2. 能举一反三，具有知识迁移能力（3分） 3. 总结问题及重难点的解决办法（4分）	0	2	6	8	10
课后评价（15%）	巩固迁移能力	总结归纳	能够完成教师布置的作业（15分）	0	4	8	12	15
合计								
总分								

注：①总分＜60分为不及格；60≤总分＜75为及格；75≤总分＜85为良；总分≥85为优；

②每个评分项目里，如出现安全问题或不出品则为0分；

③本表与附录《职业素养考核评价表》配合使用。

七、关机清理实训场地

按照要求完成以下清单内容，自检确认后，完成《班组任务单》。

流程结束整理清单

序号	工序	确认	序号	工序	确认
1	和面机关闭并清理		10	台面清理	
2	压片机关闭并清理		11	椅子码放	
3	醒发箱关闭并清理		12	多媒体关机及白板清理	
4	烤箱关闭并清理		13	场地清理	
5	制冰机清理关机		14	水池清理及水龙头关闭	
6	产品清点包装上缴		15	清扫工具码放	
7	剩余原料清点上缴		16	各级电源检查	
8	借用工具清理上缴		17	关灯	
9	烤盘清洗		18	场地归还	

（1）将多余原料归还原料库管清点签字。

（2）将借用工具归还工具库管清点签字，如有工具缺失则需登记，并与产品库管确认后签字。

（3）将产品送交产品库管签字。

（4）完成场地清理，由车间卫生安全员检查签字。

📝 课后任务

1. 总结本任务中产品的制作流程，标注重难点。

2. 根据老师对你制作的产品以及制作过程的评价，总结不足，找出原因。

任务 3　杏仁丹麦面包制作

学习目标

课前

1. 能自主学习，搜集产品资料，完成课前学习任务，以组为单位接受任务、制订工作计划和完成任务的学习环节。
2. 通过课前预习，了解杏仁丹麦面包的产品特点，掌握产品的制作方法，培养自主获取知识和处理信息的能力。

课中

1. 熟悉片状油脂的分类、使用与鉴别方法。
2. 能在老师的指导下，遵照安全、卫生标准，独立完成杏仁丹麦面包的制作。
3. 能正确使用和面机、压片机、速冻柜、冰箱等设备，熟悉安全操作规程。
4. 独立完成原料的混合，独立完成包油、开酥流程，独立完成和面、醒发、成形、烘烤、装饰等步骤，注意产品外形、规格、口味的标准化和一致性，提倡节约，树立精益求精的工匠精神。
5. 能根据产品评价标准，查找自己的作品与标准作品的区别，并探究产生区别的原因，在反复探究和讨论中锻炼沟通能力、解决问题的能力和严谨认真的职业素养。

课后

1. 通过课后练习，不断完善制作手法，进一步提高作品的品质和一致性，培养精益求精的工匠精神。
2. 搜集优秀作品资料，通过学习和借鉴，提升自我的创新能力。

建议学时

6学时

📖 知识链接

一、关于片状黄油

在制作丹麦面包时需要使用片状黄油。片状黄油是纯天然的材料，熔点较低，因此，必须放在冷冻室保存，如果不放到冷冻室的话，也要放到冷藏室当中保存。在使用片状黄油的时候，比使用片状酥油更需要注意。因为片状酥油正常情况下只会出现一个问题，即油脂太硬，从而出现所谓"断油"的问题，但是片状黄油因为熔点太低，容易化，如果在室温比较高，或者在开机时间比较长的情况下，片状黄油就可能化在面团中，产生混酥的问题。

片状黄油从操作难度上来说比起片状酥油更难。但是为什么片状黄油价格会更高呢？一是因为片状黄油是纯天然的，所以比较贵；二是因为片状黄油所产生的层次效果，比起片状酥油要好很多；另外，从口感上来说，片状黄油不仅具备了天然的乳香味，而且口感不油腻。所以，它可以算是制作丹麦面包所需要的口感比较好的油脂。

一般在国内使用比较多的片状黄油的颜色是淡淡的奶黄色，最好的片状黄油的乳脂含量是比较高的，只不过越是乳脂含量高的片状黄油，操作起来越是困难。因为乳脂含量越高的片状黄油，化得越快，有的品牌的片状黄油放在掌心当中只有几秒钟就化开了。

二、关于片状甜奶油

什么是片状甜奶油呢？这种油脂是酥油的一种，属于人工合成的油脂。但是片状甜奶油和片状酥油最大的区别就在于，片状甜奶油本身具有更高的乳甜味，香味更浓郁，一般在门店当中，是用来做手撕包之类的面包的。

三、如何辨别油脂品质

在购买烘焙原料时，对原料品质的检验一般多用感官检验。

色泽：品质好的植物油色泽微黄，清澈明亮；质量好的黄油色泽淡黄，组织细腻光亮；品质好的奶油则是洁白有光泽，而且较为黏稠。

滋味：品质好的植物油有植物本身的味道，无异味；质量好的黄油和奶油则味道新鲜，爽口润喉。

气味：品质好的植物油有植物的清香味，加热时无油烟味；动物油本身具有特殊香味，要经过脱臭后方可使用。

透明度：植物油无杂质、水分和透明度高；动物油熔化时清澈见底，无水分析出。

四、片状油脂的特点

起酥面包都使用片状油脂。片状油脂是使用具有可塑性的油脂制成的，在低温环境里随着反复延压作业（油脂由于有可塑性，不容易受机械压力的影响），面团和油脂能够巧妙结合并被压薄，形成一层一层的油脂层。

一般搅拌用油脂是没有黏性的，无法承受机器强行延压的压力。

当片状油脂添加量超过适量（5%）时，油脂与面筋的结合会变差、气体保持力会减弱，使得面团体积变小。

五、黄油和起酥油对面包的影响

使用黄油的面包与使用起酥油的面包，在烘烤完成时有何不同？

在面包制作上，黄油和起酥油对成品的影响，主要体现在口味、香气及面包内侧的颜色上。起酥油在制造过程中已进行了脱臭除色，基本上是一种白色无臭无味的油脂，在面团中混入起酥油，对烘烤完成的面包在风味上几乎没有影响（只会多少感觉到有油脂存在而已）。

黄油因为是以牛乳为基本材料制成，混入面团时其中的乳糖、乳脂及色素，都会直接影响面包的口味、香气及颜色。

当然不论是起酥油或是黄油，都会因其用量而对成品面包产生不同程度的影响。两者皆为固体油脂，所以在使用方法上并没有不同。想要烘烤完成的面包散发奶油的特殊风味或香气时，使用黄油；只需要增加面团的延展性，但不希望有奶油或玛琪琳的味道影响面包风味时，就使用起酥油。

六、油脂的保存

食用油脂在保存不当时，品质易发生变化，最常见的就是油脂酸败现象。为防止这种现象的发生，油脂应保存在低温、避光、通风处，一般都是在冷藏库中保存，避免与杂质接触，避免接触紫外线，减少存放时间。保存油脂的关键是温度管理，黄油若需短时间贮藏，可以选择室温保存、冷藏或冷冻保存，但若需长时间贮藏就只能选择冷藏或冷冻保存。

固态油脂在使用时应提前置于室温下缓慢回温，温差过大会造成油脂组织粗糙，影响后期制作和口感。

📋 任务实施

▪ 课前准备

一、产品介绍

杏仁丹麦面包是丹麦面团与经典的杏仁奶油相结合的一款产品。杏仁奶油常在各类西点中出现，经典的用法是将其注入挞壳或派壳中烘烤后作为基底，其烘烤后的口感很像蛋糕。本任务中将杏仁奶油与丹麦面团结合在一起，不失为一个很好的尝试。

二、配方

1. 丹麦面团配料

原料		质量
面粉	高筋面粉	300g
	低筋面粉	200g
砂糖		60g
盐		10g
干酵母（高糖）		8g
鸡蛋		50g
牛乳		150g
水		160g
片状酥油		250g

注：可制成约12个产品。

2. 杏仁奶油

原料	质量
黄油	36g
绵白糖	36g
蛋液	半个
杏仁粉	36g
低筋粉	40g
朗姆酒	8g
（耐烤）巧克力条	20根
长条纸托	10个

三、课前思考

1. 阅读杏仁丹麦面包制作的相关知识和制作方法的资料后解答以下问题

（1）油脂与面筋结合可以（　　　）面筋，使制品内部组织均匀，改善口感

    A. 硬化　　　　　　　　　　B. 强化

    C. 柔软　　　　　　　　　　D. 弱化

（2）温度对酵母的醒发起着决定性作用，当温度达到（　　　）时，酵母彻底死亡

    A. 45℃　　　　　　　　　　B. 50℃

    C. 55℃　　　　　　　　　　D. 60℃

（3）有哪些方法可以延长面包产品的货架期？

2. 探究成果的展示分享

    请各小组结合本任务的内容，把以下问题作为探究方向，通过搜集、总结、整理资料，进行探究并形成探究报告（可以综合整理资料也可以提供自己的认知和见解）。

    问题：作为新时代的工匠，从产品生产到客人消费的过程中，有什么是我们应该做到或需注意和解决的问题？

◾ 教学过程

一、任务导入

　　某客户想要举办个人野餐派对，前来定制杏仁丹麦面包100件，要求制品大小一致，成品单个质量70g左右，包装规格1件/盒，客户要求在1d内完成制作并交货，请你按客户要求完成任务。这批订单由几个班组合作完成，你的班组到达烘焙车间后，接到门店产品库发来的《班组任务单》，请你按时按量完成此次订单。

　　首先，请你接收《班组任务单》，做好生产前准备，根据生产流程和任务，填写《班组任务单》，申领所需的原料与工具。

班组任务单

编号：　　　　　　　　　　　　　　　　　　　日期：

任务产品名称	杏仁丹麦面包			
任务数量				
任务说明				
任务下达人	门店产品库	班组负责人		
工具申领单	名称	数量	名称	数量
原料申领单	名称	数量	名称	数量
车间归还记录	车间卫生安全员确认签字		归还具体时间	

二、组内分工

岗位	姓名	工作记录
原辅料领用员		
工具领用员		
卫生管理员		
质量安全员		

三、生产实施

1. 丹麦面团

配图	操作方法	关键点
	（1）将干性原料放入搅拌缸中混均，加入鸡蛋和水，搅成面团，稍后加入盐，待面团搅拌至不粘缸时加入黄油，搅打至面团初步拓展	黄油要分次加入，先慢速将黄油搅拌均匀，再快速搅拌至黄油完全融入面团；出缸面团温度控制在24~26℃
	具体过程记录：	
	（2）将打好的面团取出，整理光滑，盖好，常温醒发20~30℃	—
	（3）将面团冷冻2h，面团不能出现结冰现象	根据冰箱温度适当调整冷冻时长
	具体过程记录：	

配图	操作方法	关键点
	（4）将面团擀开包入250g片状酥油；压长折叠三折一次，冷冻松弛15min	松弛时间延长的话应转至冷藏室
	（5）将面团压长四折一次，冷藏保存15min以上	需要长时间保存的，转为冷冻保存，可适当加大酵母用量，需要时冷藏6小时化冻
	具体过程记录：	

2. 杏仁奶油

配图	操作方法	关键点
	（1）黄油与绵白糖混合均匀	—
	（2）逐渐加入鸡蛋混匀	—
	（3）低筋粉过筛，与杏仁粉混合后加入，混匀	—

配图	操作方法	关键点
	（4）加入朗姆酒混匀	—
	（5）放入裱花袋，冷藏备用	—
	具体过程记录：	

3. 杏仁丹麦面包

配图	操作方法	关键点
	（1）将丹麦面团擀压至0.4cm厚，分割成12cm×15cm的长方形面皮	擀压后松弛一会儿再切割，防止面皮收缩
	具体过程记录：	
	（2）在面皮1/3处放上（耐烤）巧克力条，折起（此处可加入各种馅料）	—
	（3）再放上（耐烤）巧克力条，对折面皮，并卷起成长方形，接口朝下放入纸托	—

配图	操作方法	关键点
	（4）将面团放入烤盘，温度28℃，相对湿度75%，发酵50min	—
	具体过程记录：	
	（5）在发酵好的面团表面挤上杏仁奶油	—
	具体过程记录：	
	（6）放入烤箱，上火210℃、下火200℃，烘烤15min，出炉后筛撒糖粉	到12min时掉转烤盘
	具体过程记录：	
	成品描述与分析：	

四、成本核算

根据实际情况，进行产品的成本核算。

序号	物料名称	品牌	规格/单位	单价/元	数量	小计/元	合计/元
1							
2							
3							

续表

序号	物料名称	品牌	规格/单位	单价/元	数量	小计/元	合计/元
4							
5							
6							
7							
8							
9							
10							
11							
12							
13							
出品数		包装规格		包装单价			
包装成本		单份成本		出品率			

五、总结与反思

（1）总结杏仁奶油的制作方法和主要用途？

（2）丹麦面包类产品面坯的厚度一般为多少？与什么有关？

（3）调制面团的目的是什么？在调制丹麦面团时有什么注意事项？

六、评价考核

"杏仁丹麦面包制作"专业能力评价表

学生姓名：_____　　　　组别：_____　　　　日期：_____

评价环节	评价项目	评价内容	评价要素	0分	不及格	及格	良	优
课前评价（15%）	基础知识	自主学习	完成课前预习内容并回答相关问题（15分）	0	4	8	12	15

续表

评价环节	评价项目	评价内容	评价要素	0分	不及格	及格	良	优
课中评价（70%）	面团搅拌	操作过程	1. 配料正确（3分） 2. 加料时机正确，根据需要选择正确的搅拌机转速（4分） 3. 出缸面团搅打程度合适，面温合适（4分） 4. 面团出缸动作利落熟练（3分） 5. 正确进行初步醒发过程（3分） 6. 注意操作卫生与安全（3分）	0	5	10	15	20
	成形		1. 各步骤控制面团硬度合适（3分） 2. 包裹酥油、擀压折叠中，面团形状、层次控制得当（4分） 3. 压片机操作控制流畅（3分） 4. 冷冻、折叠操作流程正确（4分） 5. 无混油、合层、断油现象（3分） 6. 注意操作卫生与安全（3分）	0	5	10	15	20
	醒发和烘烤		1. 醒发箱设置正确（3分） 2. 醒发终点选择合适（3分） 3. 面团进出醒发箱操作迅速、流畅、轻柔（2分） 4. 注意操作卫生与安全（2分）	0	2	6	8	10
	产品呈现	产品展示	1. 产品表皮呈棕红色，有光泽（2分） 2. 产品外形整齐，大小均一（2分） 3. 产品内部层次分明，无明显大孔洞（2分） 4. 产品口感浓郁醇香、风味明显（2分） 5. 产品码放干净、清爽（2分）	0	2	6	8	10
	学习能力	探究归纳	1. 探究错误产生的原因（3分） 2. 能举一反三，具有知识迁移能力（3分） 3. 总结问题及重难点的解决办法（4分）	0	2	6	8	10
课后评价（15%）	巩固迁移能力	总结归纳	能够完成教师布置的作业（15分）	0	4	8	12	15
合计								
总分								

注：①总分＜60分为不及格；60≤总分＜75为及格；75≤总分＜85为良；总分≥85为优；

②每个评分项目里，如出现安全问题或不出品则为0分；

③本表与附录《职业素养考核评价表》配合使用。

七、关机清理实训场地

按照要求完成以下清单内容，自检确认后，完成《班组任务单》。

流程结束整理清单

序号	工序	确认	序号	工序	确认
1	和面机关闭并清理		10	台面清理	
2	压片机关闭并清理		11	椅子码放	
3	醒发箱关闭并清理		12	多媒体关机及白板清理	
4	烤箱关闭并清理		13	场地清理	
5	制冰机清理关机		14	水池清理及水龙头关闭	
6	产品清点包装上缴		15	清扫工具码放	
7	剩余原料清点上缴		16	各级电源检查	
8	借用工具清理上缴		17	关灯	
9	烤盘清洗		18	场地归还	

（1）将多余原料归还原料库管清点签字。

（2）将借用工具归还工具库管清点签字，如有工具缺失则需登记，并与产品库管确认后签字。

（3）将产品送交产品库管签字。

（4）完成场地清理，由车间卫生安全员检查签字。

📝 课后任务

1. 总结本任务产品的制作流程，标注重难点。

2. 根据老师对你制作的产品以及制作过程的评价，总结不足，找出原因。

任务4　北海道金砖面包制作

学习目标

课前	1. 能自主学习，搜集产品资料，完成课前学习任务，以组为单位接受任务、制订工作计划和完成任务的学习环节。
	2. 通过课前预习，了解北海道金砖面包的产品特点，掌握产品的制作方法，培养自主获取知识和处理信息的能力。
课中	1. 熟悉面包制作中的冷冻工艺知识。
	2. 能在老师的指导下，遵照安全、卫生标准，独立完成北海道金砖面包的制作。
	3. 能根据评分标准对自己和他人的作品进行合理评价。
	4. 能严格遵守烘焙车间现场7S管理规范。
	5. 在完成任务的过程中，养成"敬业""诚信"等社会主义核心价值观，增强节约、环保等意识。
课后	1. 通过课后练习，不断完善制作手法，提高作品的品质和一致性，培养精益求精的工匠精神。
	2. 搜集优秀作品资料，通过学习和借鉴，提升自我的创新能力。

建议学时

6学时

知识链接

一、关于冷冻面包

都说世界上有很多科技的进步都是由懒惰推动的，对于面包师而言，将半成品面包通过冷藏和冷冻保存起来是一种减轻每天工作强度的妙招。在30多年前，人们认为，要做出好面包，就不能让面团降温。然而，时代在不断进步，面包的制作工艺理应顺应时代。面包制作方法多种多样，其中的冷冻法一直不断发展进化，下面将介绍关于冷冻面包的相关知识。

1. 冷冻面包的优点

（1）利用冷冻面包可以保证店铺只需要醒发箱和烤炉，对操作人员的技术要求也不高，能随时为客人提供现烤出炉的面包。

图4-2　冷冻丹麦可颂面包半成品

（2）不管是手工制作还是大规模生产线，利用冷冻面包都可以节省人工和提高效率（图4-2）。

（3）利用冷冻面包使店铺能根据不同客人的喜好，提供数量不多，但品类丰富的面包产品。

2. 冷冻面包的缺点

（1）面包老化快。

（2）发酵程度低，面包的味道、香味上有欠缺。

（3）需要较多的氧化剂、乳化剂。

（4）酵母使用量是常温面包的两倍。

（5）需要急冻柜、冷藏醒发箱等高额设备和放置这些设备的空间。

二、急冻柜

冷冻法需要面包师克服的技术难题有四个，分别是：消除冷冻对面包酵母造成的伤害；消除冷冻对面团造成的伤害；改善味道和香味；防止面包老化。当今的冷冻技术基本上已经解决了这些问题。而针对冷冻过程对酵母的影响，市面已有售卖冷冻专用的面包酵母。面团之所以会产生冷冻伤害的原理也越来越清晰，冷冻技术已有了明显的进步。

📋 任务实施

▪ 课前准备

一、产品介绍

北海道金砖面包是日式软面包一种，也称手撕吐司，是利用起酥甜奶油和甜面团开酥制成的一种起酥甜吐司产品，味道甜香、组织柔软、层次分明，外形有起酥自然形成的纹路，因颜色金黄、形状方正而得名，深受烘焙爱好者的推崇。本任务的配方也可用于制作各种手撕面包类产品。

二、配方

1. 辅助材料

原料	烘焙百分比	质量
乳粉	3%	30g
水	32%	320g
牛乳	20%	200g
黄油	5%	50g
片状甜奶油	50%	500g

2. 面团配料

原料		烘焙百分比	质量
面粉	高筋面粉	80%	800g
	低筋面粉	20%	200g
砂糖		152%	150g
盐		1.5%	15g
高糖酵母		4%	20g
鸡蛋		10%	100g

注：可制成约24个产品。

三、课前思考

1. 阅读北海道金砖面包制作的相关知识和制作方法的资料后解答以下问题

（1）与片状酥油相比，片状甜奶油在使用和口味上有什么特点？

（2）不同的起酥面包产品拥有不同的面坯厚度规格要求，这些不同的规格要求是由什么决定的？

2. 探究成果的展示分享

请各小组结合本任务的内容，把以下问题作为探究方向，通过搜集、总结、整理资料，进行探究并形成探究报告（可以综合整理资料也可以提供自己的认知和见解）。

问题：成本节约是生产运输销售环节中的重要问题，请再次探讨在我们生产到销售过程中，如何在确保产品品质的同时，有效地节约生产、流通、销售的成本？

● 教学过程

一、任务导入

某客户想要举办个人野餐派对，前来定制北海道金砖面包20件，要求制品大小一致，成品单个质量440g左右，包装规格1件/盒，客户要求在1d内完成制作并交货，请你按客户要求完成任务。这批订单由几个班组合作完成，你的班组到达烘焙车间后，接到门店产品库发来的《班组任务单》，请你按时按量完成此次订单。

首先，请你接收《班组任务单》，做好生产前准备，根据生产流程和任务，填写《班组任务单》，申领所需的原料与工具。

班组任务单

编号：　　　　　　　　　　　　　　　　　　　　日期：

任务产品名称	北海道金砖面包			
任务数量				
任务说明				
任务下达人	门店产品库	班组负责人		
工具申领单	名称	数量	名称	数量
原料申领单	名称	数量	名称	数量
车间归还记录	车间卫生安全员确认签字		归还具体时间	

二、组内分工

岗位	姓名	工作记录
原辅料领用员		
工具领用员		
卫生管理员		
质量安全员		

三、生产实施

配图	操作方法	关键点
	（1）将干性材料放入搅拌缸中，再加入湿性材料搅拌成团，然后加入盐，待面团粘缸时加入黄油，搅拌至基本拓展阶段	黄油要分次加入，先慢速将黄油搅拌均匀，再快速搅拌至黄油完全融入面团；出缸面团温度控制在24~26℃
	具体过程记录：	
	（2）将打好的面团取出，整理光滑，盖好，常温醒发20~30min	—
	（3）将面团按成方形厚片，冷冻2h，面团不能出现结冰现象；根据冰箱温度适当调整冷冻时长	如冷藏过夜进行基础醒发可省略此步骤
	具体过程记录：	
	（4）将面团擀开包入500g片状甜奶油；压长折叠三折一次，冷冻松弛15min	松弛时间延长的话转至冷藏室进行
	具体过程记录：	
	（5）将面团压长三折一次，冷藏保存15min以上	需要纹理细腻一些或者制作小一点的面包，也可选择三折一次后四折一次
	具体过程记录：	

配图	操作方法	关键点
	（6）整块压成40cm×40cm厚片	—
	（7）分割成四片40cm×10cm厚片	—
	（8）取一个40cm×10cm厚片纵切，分割为五根长条，每根40cm×2cm	—
	（9）取五根长条，层次面向上，平放轻轻按扁，编制为网格状平辫子	编时要充分展示层次，可少放些白面防止粘黏，完成后注意将两头封口压紧
	具体过程记录：	
	（10）将辫好的面团卷起为枕头形，放入450g吐司模具中	将接头隐藏在底部
	（11）放入烤盘，温度25℃，相对湿度75%，发酵120min至模具八分满，放入烤箱，上火210℃、下火200℃，烘烤40~45min	所谓八分满是指面包的最高点距模具上沿1cm；到20min时掉转烤盘；出炉迅速脱模置于网架上冷却
	具体过程记录：	

配图	操作方法	关键点
	成品描述与分析：	

四、成本核算

根据实际情况，进行产品的成本核算。

序号	物料名称	品牌	规格/单位	单价/元	数量	小计/元	合计/元
1							
2							
3							
4							
5							
6							
7							
8							
9							
10							
11							
12							
13							
出品数		包装规格		包装单价			
包装成本		单份成本		出品率			

五、总结与反思

（1）起酥面包类产品的折叠方法有不少，如三折三次、三折四折三折各一次、三折一次四折一次等，确定折叠层数的多少的依据是什么？

（2）常见的丹麦面包可分为美式、日式、欧式三种，它们的区别是什么？各自特点是什么？

（3）起酥面包有时会混酥，导致烘烤时油脂流出、成品层次全无，请分析出现混酥的原因。

（4）北海道金砖面包使用的片状甜奶油有什么特点？

六、评价考核

"北海道金砖面包制作"专业能力评价表

学生姓名：_____　　　组别：_____　　　日期：_____

评价环节	评价项目	评价内容	评价要素	0分	不及格	及格	良	优
课前评价（15%）	基础知识	自主学习	完成课前预习内容并回答相关问题（15分）	0	4	8	12	15
课中评价（70%）	面团搅拌	操作过程	1. 配料正确（3分） 2. 加料时机正确，根据需要选择正确的搅拌机转速（4分） 3. 出缸面团搅打程度合适，面温合适（4分） 4. 面团出缸动作利落熟练（3分） 5. 正确进行初步醒发过程（3分） 6. 注意操作卫生与安全（3分）	0	5	10	15	20
	成形		1. 各步骤控制面团硬度合适（3分） 2. 包裹酥油，擀压折叠中，面团形状、层次控制得当（4分） 3. 压片机操作控制流畅（3分） 4. 冷冻、折叠操作流程正确（4分） 5. 无混油、合层、断油现象（3分） 6. 注意操作卫生与安全（3分）	0	5	10	15	20
	醒发和烘烤		1. 醒发箱设置正确（3分） 2. 醒发终点选择合适（3分） 3. 面团进出醒发箱操作迅速、流畅、轻柔（2分） 4. 注意操作卫生与安全（2分）	0	2	6	8	10

续表

评价环节	评价项目	评价内容	评价要素	0分	不及格	及格	良	优
课中评价（70%）	产品呈现	产品展示	1. 产品表皮呈棕红色，各个面火候均匀合适（2分） 2. 产品外形整齐，有明显纹理，层次分明（2分） 3. 产品内部层次分明，无明显大孔洞（2分） 4. 产品口感浓甜醇香、风味明显（2分） 5. 产品码放干净、清爽（2分）	0	2	6	8	10
	学习能力	探究归纳	1. 探究错误产生的原因（3分） 2. 能举一反三，具有知识迁移能力（3分） 3. 总结问题及重难点的解决办法（4分）	0	2	6	8	10
课后评价（15%）	巩固迁移能力	总结归纳	能够完成教师布置的作业（15分）	0	4	8	12	15
合计								
总分								

注：①总分＜60分为不及格；60≤总分＜75为及格；75≤总分＜85为良；总分≥85为优；

②每个评分项目里，如出现安全问题或不出品则为0分；

③本表与附录《职业素养考核评价表》配合使用。

七、关机清理实训场地

按照要求完成以下清单内容，自检确认后，完成《班组任务单》。

流程结束整理清单

序号	工序	确认	序号	工序	确认
1	和面机关闭并清理		10	台面清理	
2	压片机关闭并清理		11	椅子码放	
3	醒发箱关闭并清理		12	多媒体关机及白板清理	
4	烤箱关闭并清理		13	场地清理	
5	制冰机清理关机		14	水池清理及水龙头关闭	
6	产品清点包装上缴		15	清扫工具码放	
7	剩余原料清点上缴		16	各级电源检查	
8	借用工具清理上缴		17	关灯	
9	烤盘清洗		18	场地归还	

（1）将多余原料归还原料库管清点签字。

（2）将借用工具归还工具库管清点签字，如有工具缺失则需登记，并与产品库管确认后签字。

（3）将产品送交产品库管签字。

（4）完成场地清理，由车间卫生安全员检查签字。

课后任务

1. 总结本任务产品的制作流程，标注重难点。

2. 根据老师对你制作的产品以及制作过程的评价，总结不足，找出原因。

项目五 吐司面包

任务 1 白吐司制作

学习目标

课前

1. 能自主学习，搜集吐司面包的资料，完成课前学习任务，以组为单位接受任务、制订工作计划和完成任务的学习环节。
2. 能正确称量和选用白吐司的原辅材料，按照烘焙一体化教室安全操作守则，正确使用工具和设备。

课中

1. 能根据吐司面包产品评价标准，查找自己的作品与标准作品的区别，并探究产生区别的原因，在反复探究和讨论中锻炼沟通能力、解决问题的能力和严谨认真的职业素养。
2. 能根据教师的演示总结在制作吐司面包的操作中的问题和易错点。
3. 能根据评分标准对自己和他人的作品进行合理评价。
4. 在完成任务的过程中，养成"敬业""诚信"等社会主义核心价值观，增强节约、环保意识。

课后

1. 通过课后练习，不断完善制作手法，提高作品的品质和一致性，培养精益求精的工匠精神。
2. 搜集优秀作品资料，通过学习和借鉴，提升自我的创新能力。

建议学时

6学时

知识链接

关于吐司面包的原料，以下进行简单的介绍。

一、面粉

做吐司大多用高筋面粉，蛋白质含量越高，面粉的吸水率就越高，则吐司面包组织口感好，也可延长老化时间。

二、酵母

干酵母开封后密封冷藏保存。制作吐司面包时鲜酵母的使用不常见，且鲜酵母通常是大包装，需切割成小块冷冻，随取随用，可保存一年左右，鲜酵母比干酵母更易发酵，但是做吐司面包的话最好放干酵母。

鲜酵母和干酵母可以3∶1的质量比例互相替换，如用15g鲜酵母替换5g干酵母，则配方中的水分同时要减少10g。酵母的使用一般要避开糖、盐，如配方中有冰块，要在冰块彻底融化后再加入酵母，以免影响酵母活性。

三、黄油

黄油要提前软化到与吐司面团软硬接近的程度，吐司面包一般都是后油法制作。所谓后油法，就是将除了黄油以外的所有材料先混合到理想状态后，再加入软化的黄油搅打到可以做面包的状态。黄油加得过早，会导致面团组织粗糙；加得太晚，则黄油没法被吸收，容易打发过头。

四、奶油

奶油比例多的面包会比较柔软，吐司面包配方中使用鲜奶油（淡奶油）也会比较容易出膜，且不易粘手，面包绵软拉丝，口感好。

五、糖

一般吐司面包配方中使用细砂糖，但用蜂蜜代替细砂糖，面包口感会更软些。

六、盐

如用普通食盐代替吐司面包配方中的海盐，要适当减少盐用量，因为海盐咸度更低些，比如3g海盐，可以用2g食盐代替。

七、牛乳 / 水

牛乳和水可以相互代替，但是添加比例应有所调整，通常比例为$m_{牛乳}:m_{水}=$1：（0.9~0.95），牛乳的用量根据牛乳品牌不同应有所区别。

八、鸡蛋

加入鸡蛋的吐司更容易膨胀，所以合理地提高鸡蛋的比例，可以促进吐司膨胀，比如山形吐司面包追求"大爆头"，就可以用含有鸡蛋的配方，如果对吐司面包颜色有要求，如要求吐司面包内部组织洁白，则可以只放蛋白。

任务实施

课前准备

一、产品介绍

吐司，是英文Toast的音译，粤语（广东话）称多士，实际上就是用长方形带盖或不带盖的烤听制作的听形面包。用带盖烤听烤出的面包经切片后呈正方形，就是吐司片，夹入火腿或蔬菜后即为三明治，制作三明治是吐司面包最常见的用法。用不带盖烤听烤出的面包为长方圆顶形，是类似长方形大面包。

在欧美地区称整个吐司面包为Bread，而吐司（Toast）指的是在面包切片上涂上一层蒜泥或是用奶油烤的面包片（或者直接用面包机烤一下，再涂上酱）。严格地说，在欧美地区所谓吐司（Toast）指的是面包切片后再烘烤的再加工产品。

二、配方

原料	烘焙百分比	质量
高筋面粉	100%	1125g
砂糖	13.3%	150g
盐	1.8%	20g
酵母	1.3%	15g
水	50%	550g

续表

原料	烘焙百分比	质量
奶油	4.4%	50g
牛乳	6.7%	75g
鸡蛋	5.3%	60g
黄油	4.4%	50g

注：可制成约4个产品。

三、课前思考

1. 阅读吐司制作的相关知识和制作方法的资料后解答以下问题

（1）吐司面包在制作中，产生侧边撕裂现象的主要原因是什么？

（2）有的吐司面包的成品内部粗糙不够松软，请分析其原因。

2. 探究成果的展示分享

请各小组结合本任务的内容，把以下问题作为探究方向，通过搜集、总结、整理资料，进行探究并形成探究报告（可以综合整理资料也可以提供自己的认知和见解）。

问题：产品的最终目标是为了销售，销售环节是烘焙产业链中的重要一环，在该产品的生产流通的销售环节中，可以采取哪些措施来促进产品的销售，让消费者更快更多地消费产品？

▧ 教学过程

一、任务导入

某客户想要举办个人野餐派对，前来定制白吐司20件，要求制品大小一致，成品单个质量400g左右，包装规格1件/盒，客户要求在1d内完成制作并交货，请你按客户要求完成任务。这批订单由几个班组合作完成，你的班组到达烘焙车间后，接到门店产品库发来的《班组任务单》，请你按时按量完成此次订单。

首先，请你接收《班组任务单》，做好生产前准备，根据生产流程和任务，填写《班组任务单》，申请所需的原料与工具。

班组任务单

编号：　　　　　　　　　　　　　　　　　　　　日期：

任务产品名称	白吐司			
任务数量				
任务说明				
任务下达人	门店产品库	班组负责人		
工具申领单	名称	数量	名称	数量
原料申领单	名称	数量	名称	数量
车间归还记录	车间卫生安全员确认签字		归还具体时间	

二、组内分工

岗位	姓名	工作记录
原辅料领用员		
工具领用员		
卫生管理员		
质量安全员		

三、生产实施

配图	操作方法	关键点
	（1）将除黄油外的所有材料一起搅拌至面团表面光滑有弹性	（1）根据环境温度提前冷冻原材料，选择合理的搅打速度，后期搅打摩擦生热面温会升高，需防止面温过高； （2）搅打过程中缠在面钩上的面要适当扯下放到打面缸中，使得面包搅打更均匀
	（2）加入黄油，慢速搅拌均匀后，再快速搅拌	面团较软，硬的黄油不易融合，黄油应提前软化切碎
	具体过程记录：	
	（3）将面团搅拌至完全扩展阶段	（1）打面完成后，面温在26℃左右最为理想，24～28℃都可以，但不要高于28℃，面温太低会导致发酵时间过长（面温每低1℃，发酵时间就要相对延长10～20min甚至更久），发酵太久会导致面团失去弹性，成品组织粗糙； （2）如果面温升到28℃还未打好，可以连同带材料一起冷冻10～15min再打，但要控制好面温，一次性完成打面
	具体过程记录：	
	（4）室温或28℃，基本发酵40min	覆保鲜膜发酵至面团变为原来的2倍大（配方时间多为参考值，具体发酵时间还是根据面团状态决定）
	具体过程记录：	

配图	操作方法	关键点
	（5）将面团分割成120g/个，滚圆，松弛15min	滚圆不要过紧，若有大气泡则轻拍一下，滚圆后面团要松弛，按压有痕迹不消失、面团不紧绷即为松弛好了，松弛好的面团擀开不会回弹，如果松弛时间已到，还是回缩严重，说明面团没有搅打到位
具体过程记录：		
	（6）将面团擀开对折	双手在面团左右收长面团再擀开，可防止面团过宽
	（7）松弛10min	充分松弛，调节温度，防止松弛过程中面团过度发酵
	（8）将松弛好的面团擀开卷成牛舌状	擀成牛舌状后翻面，整成长方形，拍掉边缘气泡，否则成品侧面会有气孔，卷起时将面团收口位置拉宽，这样就会完全盖住先卷起来的面团，下部压薄，卷起来放入吐司模具的时候才不会倒
具体过程记录：		
	（9）放入450g的吐司模具，每个模具放4个面团	（1）最后放入模具的面团宽度要正好能装入吐司模具，不可太宽，若太宽面团发酵时会拱起； （2）单个吐司面包可以包含多个面团制成的面卷，适当增加面团数量，吐司面包的成品组织会更细密，相应的操作也会更烦琐
具体过程记录：		

配图	操作方法	关键点
	（10）放入烤盘最后发酵60min，温度35℃，相对湿度80%	—
	（11）放入发酵模具约八分满，盖上吐司盖，面坯最高点距模具边沿1~1.5cm（具体根据配方和面粉筋度调整）	发酵终点的判断是产生白色边沿的关键
	（12）以上火220℃、下火210℃烘烤40min左右	出炉后，马上开盖，震一下，倒出晾至手温，放入收纳袋，彻底晾凉后再封口
	具体过程记录：	
	成品描述与分析：	

四、成本核算

根据实际情况，进行产品的成本核算。

序号	物料名称	品牌	规格/单位	单价/元	数量	小计/元	合计/元
1							
2							
3							
4							
5							

续表

序号	物料名称	品牌	规格/单位	单价/元	数量	小计/元	合计/元
6							
7							
8							
9							
10							
出品数		包装规格		包装单价			
包装成本		单份成本		出品率			

五、总结与反思

（1）有的吐司产品会发生塌腰现象，请用知识联系实际分析原因。

（2）有的吐司产品虽然面团分割质量没有问题，但是最终产品的体积却不达标，请联系实际分析其原因。

（3）有的成品白吐司，内部组织非常细腻柔软，会产生拉丝，请分析吐司面包为什么会形成拉丝？

六、评价考核

"白吐司制作"专业能力评价表

学生姓名：＿＿＿＿＿＿＿　　　　组别：＿＿＿＿＿＿＿　　　　日期：＿＿＿＿＿＿＿

评价环节	评价项目	评价内容	评价要素	0分	不及格	及格	良	优
课前评价（15%）	基础知识	自主学习	完成课前预习内容并回答相关问题（15分）	0	4	8	12	15
课中评价（70%）	面团搅拌	操作过程	1. 配料正确（3分） 2. 加料时机正确，根据需要选择正确的搅拌机转速（3分） 3. 出缸面团搅打程度合适，面温合适（4分） 4. 面团出缸动作利落熟练（3分） 5. 正确进行初步醒发过程（4分） 6. 注意操作卫生与安全（3分）	0	5	10	15	20

续表

评价环节	评价项目	评价内容	评价要素	0分	不及格	及格	良	优
课中评价（70%）	成形	操作过程	1. 面团分割质量准确（4分） 2. 成形手法娴熟，卷起松紧适度（4分） 3. 入模码放整齐，封口朝下（4分） 4. 面团卷松紧均一，成品纹路整齐（4分） 5. 注意操作卫生与安全（4分）	0	5	10	15	20
	醒发和烘烤		1. 醒发箱设置正确（3分） 2. 醒发终点选择合适（3分） 3. 面团进出醒发箱操作迅速、流畅、轻柔（2分） 4. 注意操作卫生与安全（2分）	0	2	6	8	10
	产品呈现	产品展示	1. 产品表皮呈棕红色，上下火火候均一（2分） 2. 产品上面四周有白边，发酵程度合适，侧边无撕裂痕迹（2分） 3. 产品内部松软，无大气泡，有拉丝（2分） 4. 产品纹路整齐（2分） 5. 产品码放干净、清爽（2分）	0	2	6	8	10
	学习能力	探究归纳	1. 探究错误产生的原因（3分） 2. 能举一反三，具有知识迁移能力（3分） 3. 总结问题及重难点的解决办法（4分）	0	2	6	8	10
课后评价（15%）	巩固迁移能力	总结归纳	能够完成教师布置的作业（15分）	0	4	8	12	15
合计								
总分								

注：①总分＜60分为不及格；60≤总分＜75为及格；75≤总分＜85为良；总分≥85为优；

②每个评分项目里，如出现安全问题或不出品则为0分；

③本表与附录《职业素养考核评价表》配合使用。

七、关机清理实训场地

按照要求完成以下清单内容，自检确认后，完成《班组任务单》。

流程结束整理清单

序号	工序	确认	序号	工序	确认
1	和面机关闭并清理		10	椅子码放	
2	醒发箱关闭并清理		11	多媒体关机及白板清理	
3	烤箱关闭并清理		12	场地清理	
4	制冰机清理关机		13	水池清理及水龙头关闭	
5	产品清点包装上缴		14	清扫工具码放	
6	剩余原料清点上缴		15	各级电源检查	
7	借用工具清理上缴		16	关灯	
8	烤盘清洗		17	场地归还	
9	台面清理				

（1）将多余原料归还原料库管清点签字。

（2）将借用工具归还工具库管清点签字，如有工具缺失则需登记，并与产品库管确认后签字。

（3）将产品送交产品库管签字。

（4）完成场地清理，由车间卫生安全员检查签字。

✎ 课后任务

1. 总结本任务产品制作流程，标注重难点。

2. 根据教师对你的产品以及制作过程的评价，总结不足，找出原因。

任务 2 鸡蛋吐司制作

学习目标

课前	1. 能自主学习，搜集鸡蛋吐司的资料，了解鸡蛋的作用，了解富蛋吐司的特点，完成课前学习任务，以组为单位接受任务、制订工作计划和完成任务的学习环节。
	2. 通过课前预习，了解鸡蛋吐司的产品特点，掌握鸡蛋吐司的制作方法，培养自主获取知识和处理信息的能力。
课中	1. 熟悉面包发酵中的温度控制。
	2. 能在老师的指导下，遵照安全、卫生标准，独立完成鸡蛋吐司原料的混合，面团的制作、发酵、整形，会使用"擀""卷""入模"等手法，了解富蛋吐司的胀发力并能适当控制，完成产品制作，提倡节约，树立精益求精的工匠精神。
	3. 能严格遵守烘焙车间现场7S管理规范。
	4. 在完成任务的过程中，养成"敬业""诚信"等社会主义核心价值观，增强节约、环保等意识。
课后	1. 通过课后练习，不断完善制作手法，进一步提高作品的品质和一致性，培养精益求精的工匠精神。
	2. 搜集优秀作品资料，通过学习和借鉴，提升自我的创新能力。

建议学时

6学时

知识链接

一、面团搅打中的温度

面团搅打终点以24~28℃为合理面温，26℃左右最佳。水、牛乳、鸡蛋、奶油（奶油冷冻后不可再裱花，但是可以做面包）等液体原料可冷冻或者冷藏，以方便控制面温（夏天室温较高一般需要冷冻）。如产品制作中需加入大量冰块，要在冰全部化掉以后再加酵母，否则会影响酵母活性。

二、发酵中的温湿度

1. 一发温度

一发温度在28℃左右，覆保鲜膜发酵至原面团体积的2～2.5倍大（配方时间为参考值，具体发酵时间还是要看面团状态）。

面团发酵状态检测：用手指蘸干粉，插入面团中间，面团不会发生明显回缩或者塌陷即为发酵完成，若回缩明显说明发酵不够；若产生塌陷说明发酵过度，下次发酵时应缩短发酵时间。一发发过容易导致后续发酵时面团膨起不够。

2. 二发温湿度

二发温度不高于38℃，相对湿度要求也较高。二发于整形结束后在吐司模具中完成，利用发酵箱能比较好地控制温湿度，如果没有发酵箱可以利用烤箱发酵，可在吐司模具下面放一盆热水以营造合理的温湿度。可以放温湿度计监测面团温湿度，相对湿度降低可以换新的热水或者向烤箱内喷水雾。

二发状态判断：用手指轻按面团表面，面团会缓慢回弹则二发完成；若立刻回缩则说明没发酵到位；若不会回弹，则说明发酵过头。但并不是所有吐司面团都适合用这个方法检测。配方所用面粉量不同，需要达到的组织状态不同，对于发酵的程度也不尽相同，需要通过吐司盒内的吐司面团的最高点的高度来判断发酵的程度。

（1）六分满　面团最高处距离模具顶部3cm。

（2）七分满　面团最高处距离模具顶部2cm。

（3）八分满　面团最高处距离模具顶部1cm。

（4）九分满　面团最高处与模具边缘平齐。

（5）小白边（黄金线）　面团最高处比吐司盒边缘高1.5cm（这个高度也是因面量不同而异，有的手撕吐司面团量大，可能胀发最高点高于吐司边缘3.5cm）。入炉烘烤后成品会出现漂亮的小白边。若白边太大，则说明发酵不够；若白边太窄甚至变成方角，则说明发酵过头。想做出漂亮的小白边，需多次尝试，根据边角的状态判断下次发酵程度。

任务实施

课前准备

一、产品介绍

鸡蛋吐司是一种用大量鸡蛋制成的吐司品种，黄油含量也比较高，因而鸡蛋吐司拥有更大的胀发力，也就拥有更松软的组织以及鸡蛋的香浓味道。鸡蛋吐司非常柔软，制作简单，外形也很有特点，是一款非常受欢迎的产品。

二、配方

原料	烘焙百分比	质量	原料	烘焙百分比	质量
高筋面粉	100%	1125g	乳粉	4%	45g
糖	20%	225g	酵母	1.3%	15g
全蛋	40%	450g（约8个）	水	22%	250g
盐	1.3%	15g	黄油	13.3%	150g

注：可制成约 5 个产品。

三、课前思考

1. 阅读鸡蛋吐司制作的相关知识和制作方法的资料后解答以下问题

（1）鸡蛋吐司是一种重油重蛋的面包，鉴于这个特点，其在制作中需要注意什么？

（2）如何降低面团搅打后出缸时的温度？

2. 探究成果的展示分享

请各小组结合本任务的内容，把以下问题作为探究方向，通过搜集、总结、整理资料，进行探究并形成探究报告（可以综合整理资料也可以提供自己的认知和见解）。

问题：此产品的诞生背景及其产生、发展、流行的过程是怎样的？

▣ 教学过程

一、任务导入

　　某客户想要举办春游活动，前来定制鸡蛋吐司25件，要求制品大小一致，成品单个质量370g左右，包装规格1件/盒，客户要求在1d内完成制作并交货，请你按客户要求完成任务。这批订单由几个班组合作完成，你的班组到达烘焙车间后，接到门店产品库发来的《班组任务单》，请你按时按量完成此次订单。

　　首先，请你接收《班组任务单》，做好生产前准备，根据生产流程和任务，填写《班组任务单》，申领所需的原料与工具。

班组任务单

编号：　　　　　　　　　　　　　　　　　　　　　日期：

任务产品名称	鸡蛋吐司			
任务数量				
任务说明				
任务下达人	门店产品库	班组负责人		
工具申领单	名称	数量	名称	数量
原料申领单	名称	数量	名称	数量
车间归还记录	车间卫生安全员确认签字		归还具体时间	

二、组内分工

岗位	姓名	工作记录
原辅料领用员		
工具领用员		
卫生管理员		
质量安全员		

三、生产实施

配图	操作方法	关键点
	（1）将所有材料（除黄油外）一起搅拌至面团表面光滑有弹性	重油重蛋配方面团起筋慢，需要较长搅打时间产生大量热量，可提前冷处理原辅材料
	具体过程记录：	
	（2）加入黄油，慢速搅拌均匀，继续搅打	面团较软，故硬质黄油不易融合，黄油应提前软化切碎
	（3）搅拌至面团扩展完成阶段	重油重蛋配方面团起筋慢，主要用慢速搅打
	具体过程记录：	

配图	操作方法	关键点
	（4）室温醒发30min	—
	（5）分割面团，每个225g，滚圆	面团滚圆要松，只需基本光滑收口即可
	（6）松弛15min	室温高的话，注意利用冷藏盒冷冻，预防松弛过程的醒发
	具体过程记录：	
	（7）面团搓成梭子形，面团长度等同于模具长度	注意封口严实
	（8）每两个梭形面团放入一个450g吐司模具	—
	具体过程记录：	

配图	操作方法	关键点
	（9）以34℃，相对湿度75%，发酵60min左右	—
	具体过程记录：	
	（10）醒发至六七成满，面坯顶部距模具边沿2~3cm	重油重蛋配方面团在烘烤中胀发力较好，醒发程度比普通吐司要低一些
	具体过程记录：	
	（11）发酵完成后，均匀刷上蛋液	—
	具体过程记录：	
	（12）放入烤箱，以上火150℃、下火190℃，烘烤40~45min	出炉后，马上震一下，倒出晾至手温，放入收纳袋，彻底晾凉后再封口
	具体过程记录：	
	成品描述与分析：	

四、成本核算

根据实际情况，进行产品的成本核算。

序号	物料名称	品牌	规格/单位	单价/元	数量	小计/元	合计/元
1							
2							
3							
4							
5							
6							
7							
8							
9							
10							
11							
12							
出品数		包装规格			包装单价		
包装成本		单份成本			出品率		

五、总结与反思

（1）面团搅打中温度过高会对产品的品质产生什么影响？

（2）吐司类产品在烘烤过程中一般要注意什么？

（3）吐司类产品在面团搅打过程中一般要注意什么？

（4）鸡蛋吐司中含有大量鸡蛋，如此高的鸡蛋含量给鸡蛋吐司带来了什么特点？

六、评价考核

"鸡蛋吐司制作"专业能力评价表

学生姓名：＿＿＿＿＿＿＿＿　　组别：＿＿＿＿＿＿＿＿　　日期：＿＿＿＿＿＿＿＿

评价环节	评价项目	评价内容	评价要素	0分	不及格	及格	良	优
课前评价（15%）	基础知识	自主学习	完成课前预习内容并回答相关问题（15分）	0	4	8	12	15

续表

评价环节	评价项目	评价内容	评价要素	0分	不及格	及格	良	优
课中评价（70%）	面团搅拌	操作过程	1. 配料正确（3分） 2. 加料时机正确，根据需要选择正确的搅拌机转速（3分） 3. 出缸面团搅打程度合适，面温合适（4分） 4. 面团出缸动作利落熟练（4分） 5. 注意操作卫生与安全（6分）	0	5	10	15	20
	成形		1. 面团分割准确利落（3分） 2. 面团滚圆手法稳定、形状均一（3分） 3. 整形手法正确，封口冲下（4分） 4. 面团排气、醒发后无明显大气泡（4分） 5. 注意操作卫生与安全（6分）	0	5	10	15	20
	醒发和烘烤		1. 醒发箱设置正确（2分） 2. 醒发终点选择合适（2分） 3. 面团进出醒发操作迅速、流畅、轻柔（2分） 4. 注意操作卫生与安全（4分）	0	2	6	8	10
	产品呈现	产品展示	1. 产品表皮呈金黄色，有光泽（2分） 2. 产品外形整齐，大小均一，裂口美观（2分） 3. 产品无开裂，内部组织松软，无黏心（2分） 4. 产品口感柔软，有拉丝，甜香浓郁（2分） 5. 产品码放整齐，台面清爽（2分）	0	2	6	8	10
	学习能力	探究归纳	1. 探究错误产生的原因（3分） 2. 能举一反三，具有知识迁移能力（3分） 3. 总结问题及重难点的解决办法（4分）	0	2	6	8	10
课后评价（15%）	巩固迁移能力	总结归纳	能够完成教师布置的作业（15分）	0	4	8	12	15
合计								
总分								

注：①总分＜60分为不及格；60≤总分＜75为及格；75≤总分＜85为良；总分≥85为优；

　②每个评分项目里，如出现安全问题或不出品则为0分；

　③本表与附录《职业素养考核评价表》配合使用。

七、关机清理实训场地

按照要求完成以下清单内容，自检确认后，完成《班组任务单》。

流程结束整理清单

序号	工序	确认	序号	工序	确认
1	和面机关闭并清理		10	台面清理	
2	压片机关闭并清理		11	椅子码放	
3	醒发箱关闭并清理		12	多媒体关机及白板清理	
4	烤箱关闭并清理		13	场地清理	
5	制冰机清理关机		14	水池清理及水龙头关闭	
6	产品清点包装上缴		15	清扫工具码放	
7	剩余原料清点上缴		16	各级电源检查	
8	借用工具清理上缴		17	关灯	
9	烤盘清洗		18	场地归还	

（1）将多余原料归还原料库管清点签字。

（2）将借用工具归还工具库管清点签字，如有工具缺失则需登记，并与产品库管确认后签字。

（3）将产品送交产品库管签字。

（4）完成场地清理，由车间卫生安全员检查签字。

📝 课后任务

1. 总结本任务产品制作流程，标注重难点。
2. 根据教师对你的产品以及制作过程的评价，总结不足，找出原因。

参考文献

［1］丁学励. 世界面包大观［M］. 北京：蓝天出版社，1991.

［2］FENNEMA O. R.. 食品化学［M］，王璋，等，译. 北京：中国轻工业出版社，1991.

［3］黄儒强. 生物发酵技术与设备操作［M］. 北京：化学工业出版社，2007.

［4］何亚蔷，鲍庆丹，王凤成. 集中面包发酵方法标准比较［J］. 油食品科技，2010（3）：2-3.

［5］李楠. 面包生产大全［M］. 北京：化学出版社，2011.

［6］李培堉. 面包生产工艺与配方[M]. 北京：化学工业出版社，2006.

［7］李里特，江正强，等. 焙烤食品工艺学［M］. 北京：中国轻工业出版社，2001.

［8］田忠昌. 各式面包配方与制作［M］. 北京：中国轻工业出版社，1988.

［9］王传荣. 发酵食品生产技术［M］. 北京：科学出版社，2009.

［10］王森. 面包大全［M］. 青岛：青岛出版社，2014.

［11］叶怀义. 食品化学［M］. 哈尔滨：黑龙江科技出版社，1990.

［12］张伟广. 发酵食品工艺学［M］. 北京：中国轻工业出版社，2007.

附 录

职业素养考核评价表

评价项目	评价要求	不合格	合格	良	优
出勤 （10分）	1. 迟到3min以上为0分 2. 旷课1次为0分 3. 课中出教室1次为5分，2次为0分	0	5	—	10
仪容仪表 （20分）	1. 工服、仪容符合规范为20分 2. 工服和仪容有一项不符合为10分 3. 仪容或工服不符合规范为0分	0	10	—	20
工作过程 （40分）	1. 操作台洁净整齐为10分 2. 操作台基本洁净整齐为5分 3. 操作台不洁净不整齐为0分	0	5	—	10
	1. 工具、原料、抹布码放整齐为10分 2. 工具、原料、抹布码放基本整齐为5分 3. 工具、原料、抹布码放不整齐为0分	0	5	—	10
	1. 工具设备使用符合规范为10分 2. 工具设备使用不符合规范为0分	0	—	—	10
	按遵守实训室规章制度（节约能源、垃圾分类）的程度评分	0	5	7	10
沟通与表达 （10分）	1. 能口述自己的工作任务并点评产品为5分 2. 不能口述自己的工作任务并点评产品为0分	0	5	—	10
团队合作 （5分）	按与小组成员合作融洽程度评分	0	2	—	5
工作主动性 （10分）	按参与工作的主动性评分	0	5	—	10
社会主义核心价值观 （5分）	1. 具有社会主义核心价值观为5分 2. 缺乏社会主义核心价值观为0分	0	—	—	5
工匠精神与创新精神 （附加分：20分）	1. 工作认真细致，精益求精加15分 2. 对工作有想法，有见解加5分	0	10	15	20
共计					

注：①违反课堂规范以 0 分处理；

　　②课堂中出现任何安全问题以 0 分处理；

　　③工作过程标准参照食品烘焙实训室 7S 操作规范和实训制度。